DELIUS KLASING

Wolfgang und Peter Linke

Orientierung mit **Karte, Kompass, GPS**

Delius Klasing Verlag

Mit 105 Abbildungen, Übersichten, Vordruck-Mustern und Kopiervorlagen

Wenn Sie Fragen zur Orientierung haben oder Rat für ein besonderes Vorhaben suchen, wenn Sie Kritik anbringen, Verbesserungen vorschlagen oder Erfahrungen weitergeben möchten, wenden Sie sich bitte an

E-Mail: info@kartekompassgps.de

Homepage: www.kartekompassgps.de

Alle Verfahren sind erprobt, der Text ist auf den neuesten Stand gebracht und sorgfältig durchgesehen. Eine Haftung des Verfassers oder des Verlags für Personen-, Sach- oder Vermögensschäden ist ausgeschlossen.

Aktualisierungen unter www.kartekompassgps.de

Bibliografische Information der Deutschen Nationalbibliothek
Die Deutsche Nationalbibliothek verzeichnet diese Publikation
in der Deutschen Nationalbibliografie; detaillierte bibliografische Daten
sind im Internet über http://dnb.dnb.de abrufbar.

Die vorhergehenden Ausgaben dieses Buches waren unter dem gleichen Titel
mit den ISBN 978-3-3667-11101-2, 978-3-7688-1710-3, 978-3-7688-3314-1,
978-3-7688-3853-5 und 978-3-667-11932-2 erhältlich.

19. Auflage
ISBN 978-3-667-12981-1

Satz: Bernd Pettke · Digitale Dienste, Bielefeld
Gesamtherstellung: COULEURS Print & More, Köln
Einbandgestaltung: Michael Geisler
Einbandbild: iStockphoto/yamonstro
Printed in Slovenia, 2025

Delius Klasing Verlag, Siekerwall 21, D - 33602 Bielefeld
Tel.: 0521/559-0, Fax: 0521/559-115
E-Mail: info@delius-klasing.de
www.delius-klasing.de

Inhalt

	Zu diesem Buch	9
1.	**KARTE**	12
1.1	Gelände und Karte	12
1.2	Topographische Karte	21
1.3	Luftbild, Luftbildkarte	27
1.4	Digitale topographische Karte	28
1.5	Thematische Karte	29
1.6	3D-Karte	30
1.7	Übungen	31
2.	**WEITERE ORIENTIERUNGSHILFEN**	32
2.1	Kompass	32
2.2	GPS	40
2.3	Höhenmesser	47
2.4	Taschenrechner	49
2.5	Uhr	51
2.6	Schrittzähler	54
2.7	Mitwanderer	54
2.8	Arbeitshilfen	55
2.9	Übungen	57
3.	**VON DER KARTE INS GELÄNDE**	58
3.1	Kursbestimmung	58
3.2	Streckenwahl	62
	3.2.1 Grob- und Feinorientierung	63
	3.2.2 Entfernung	66
	3.2.3 Steigung	68
	3.2.4 Hindernisse umgehen	70
	3.2.5 Rückwärtspeilung	73
3.3	Besonderheiten	74
	3.3.1 Gebirge	74
	3.3.2 Wasser	75
	3.3.3 Wald	76
	3.3.4 Wüsten und Halbwüsten	77
	3.3.5 Winter, arktische Gebiete	77

	3.3.6 Geographische Breite und Sonnenstand	78
	3.3.7 Kinder	82
3.4	Übungen	82
4.	**VOM GELÄNDE AUF DIE KARTE**	84
4.1	Landschaft und Karte vergleichen	84
4.2	Standlinie	85
4.3	Kreuzpeilung	90
4.4	Horizontalwinkel	92
4.5	Entfernte Punkte bestimmen	97
4.6	Eine Stelle wiederfinden	97
4.7	Geographische Namen	98
4.8	Übungen	99
5.	**GRADNETZ UND GITTER**	100
5.1	WGS 84	100
5.2	Koordinaten	100
5.3	Gradnetz der Erde	102
	5.3.1 Breite und Länge	103
	5.3.2 Ortsangabe und Einzeichnen	104
	5.3.3 Mercator-Karte	105
5.4	Gitter	107
	5.4.1 UTM-System	107
	5.4.2 Ortsangabe und Einzeichnen im UTM-Gitter	112
	5.4.3 Planzeiger	114
	5.4.4 Richtung und Entfernung im Gitter	115
	5.4.5 UTM-Gitter in die Karte einzeichnen	116
5.5	Leerkarte und Logbuch	119
5.6	Übungen	120
6.	**MISSWEISUNG**	122
6.1	Nordrichtungen und -winkel	122
6.2	Größe und Veränderung der Missweisung	125
6.3	Missweisung bestimmen	126
	6.3.1 Nach Kartenangaben	126
	6.3.2 Aus dem Internet	128
	6.3.3 Aus dem Gelände	128
	6.3.3.1 Winkeltausch	129
	6.3.3.2 Nordpfeil auf Transparentpapier	130
	6.3.3.3 Kartenwinkel und Geländewinkel	130
	6.3.4 Nach Sternen	131

6.3.4.1 Polarstern ... 131
6.3.4.2 Sterne auf dem Himmelsäquator ... 132
6.3.4.3 Kreuz des Südens ... 134
6.3.5 Nach der Sonne ... 134
6.3.5.1 Mittagssonne ... 137
6.3.5.2 Sonnenauf- und -untergang ... 138
6.3.5.3 Beliebiger Zeitpunkt ... 139
6.4 Missweisung ausgleichen ... 139
6.4.1 Einzelmessungen rechnerisch verbessern ... 140
6.4.2 Nordmarke am Kompass verstellen ... 140
6.4.3 Abweichung einzeichnen ... 140
6.4.4 Überprüfen ... 143
6.5 Übungen ... 144

7. VERHALTEN IN NOTLAGEN ... 145
7.1 Himmelsrichtung bestimmen ... 145
7.2 Kurs bestimmen und einhalten ... 148
7.3 Verirrt ... 151
7.4 Planmäßig suchen ... 153
7.5 Rettung ... 154
7.6 Übungen ... 157

8. KARTE BERICHTIGEN UND ERGÄNZEN ... 158
8.1 Aufnahme allein mit dem Kompass ... 158
8.1.1 Streckenzug ... 158
8.1.2 Punkte neben der Strecke ... 160
8.1.3 Umriss einer Fläche ... 161
8.1.4 Punkte in einer Fläche ... 162
8.1.5 Indirekte Entfernungsmessung ... 163
8.1.6 Wegprotokoll ... 164
8.1.7 Zeichnung auf das Sollmaß verkleinern ... 166
8.1.8 Zeichnung in die Karte übertragen ... 167
8.2 Weitere Hilfsmittel und Verfahren ... 168
8.2.1 Kartengrundlage ... 168
8.2.2 Rechtwinklig-ebene Koordinaten ... 169
8.2.3 GPS ... 170
8.2.4 Richtung ... 171
8.2.5 Entfernung ... 171

8.2.6 Höhe und Neigung ... 172
8.2.7 Zeichnen mit dem PC ... 174
8.2.8 Digitales Kartieren ... 174
8.3 Übungen ... 174

9. ANHANG ... 175
9.1 Lösungen der Übungsaufgaben ... 175
9.2 Rechenhilfen ... 176
9.2.1 Maßstab, Entfernung ... 176
9.2.2 Höhe, Steigung, Luftdruck ... 176
9.2.3 Missweisung ... 177
9.2.4 Zeit, Sonne ... 177
Vordrucke ... 182
9.3 Orientierung vorbereiten, Text ... 188
9.4 Fachausdrücke Deutsch – Englisch ... 189
9.5 Geocaching ... 193
9.6 Karten ... 193
9.7 Bücher zum Umfeld ... 194
9.8 Bildquellen ... 194
9.9 Romweg-Karte ... 195
9.10 Register ... 196

Orientierung vorbereiten, Vordruck ... Beilage
Übungsgitter ... Beilage

Bei den **Verweisen** bedeutet 143 Seitenzahl,
5.2.3 Abschnitt,
3-09 Abbildung, Übersicht, Vordruck.

- Lesen Sie **vor dem Karten- und Kompasskauf** die Abschnitte 1.1, 1.2, 2.1.
- Als **Einstieg** und für einen Wochenendkurs eignen sich weiter 3.1, 4.1 bis 4.3, 5.4.1, 5.4.2, 6.3 bis 6.3.3.1 und 6.4.2.

Der Kompass, eine topografische Karte und eine Kopie des Übungsgitters sollten neben dem Buch liegen und benutzt werden.

Zu diesem Buch

Die Schiffs- und die Flugnavigation waren vielfach und eingehend bearbeitet, aber es gab kein ein vergleichbares Lern-, Lehr- und Nachschlagebuch für Fuß-, Rad-, Ski- und Wasserwanderer. Das vorliegende Buch (1. Auflage 1982) will diese Lücke schließen. Es wendet sich an alle,

- die nicht nur markierten Routen folgen, sich aber auch nicht völlig an GPS ausliefern wollen,
- die in wenig erschlossenem Gelände Verantwortung für andere tragen,
- die topographische Karten nutzen oder selbst Karten zeichnen.

Orientierung ist Mittel zum Zweck. Das Ziel ist
Sicherheit und Unabhängigkeit in unbekanntem Gelände,
also die Fähigkeit, eine Tour nach der Karte zu planen und sie mit den für Wanderer geeigneten Verfahren und Hilfen auch unter widrigen Bedingungen durchzuführen. Denn hinter den Alltagsfragen der Orientierung *»Wo steh ich?«, »Was seh ich?«, »Wohin geh ich?«* tauchen unvermeidlich weitere auf, vor allem bei Kartenmängeln, Gelände- und Sichthindernissen und bei unbekannter Missweisung. *Unabhängig ist aber nur, wer die Werte, von denen Orientierungs-Entscheidungen abhängen, auch noch unterwegs selbst ermitteln kann.*

Gearbeitet wird mit denselben vier Hauptarten der Navigation wie in der See- und Luftfahrt, aber mit anderen Schwerpunkten und Hilfsmitteln:

- **Sicht**navigation (der Normalfall),
- **Koppel**navigation (Standort aus Kurswinkel und zurückgelegter Strecke),
- **Himmels**navigation (hier: Richtung/Missweisung nach Sonne und Sternen),
- **elektronische** Navigation (hier: GPS und LVS-Gerät).

Im Gegensatz zu (später erschienenen) einschlägigen Titeln hört dieses Buch nicht mit der Kreuzpeilung auf und beschränkt sich nicht auf Mitteleuropa, sondern bietet Lösungen auch für die Verhältnisse jenseits des Polarkreises, auf der Südhalbkugel und zwischen den Wendekreisen. Statt des unverantwortlichen Rats »Die Missweisung kann man vernachlässigen« zeigt es ein Dutzend Wege, die Missweisung selbst zu ermitteln und zu berücksichtigen. Dafür verzichtet es darauf, Kartenzeichen aufzulisten (sie unterscheiden sich von Land zu Land und sind auf jeder top. Karte zusammengestellt), Kartennetzentwürfe zu beschreiben (sie werden in jedem Schulatlas erklärt) und Bedienungsanleitungen zu wiederholen.

Wo sich Orientierungsaufgaben auf mehrere Arten lösen lassen, sind alle für Wanderer brauchbaren Wege beschrieben. Sie taugen in den Bergen wie im Urwald, in der Wüste wie – bei gelegentlicher Landsicht – auf dem Wasser, also auf Flüssen, Binnenseen und in Küstennähe. Abbildungen, Beispiele und Vordrucke erleichtern die Rechnungen.

GPS ist als Ergänzung zum Kompass behandelt, nach dem Grundsatz, sich nie allein auf elektronische Hilfsmittel zu stützen. Berücksichtigt ist ferner, dass sich die skandinavischen Kompassmodelle allgemein durchgesetzt haben (2.1.5, die Bézard-Bussole wird seit 1996 nicht mehr hergestellt), dass für topographische Karten das UTM-Gitter/WGS 84 mit eingedruckten Gitterlinien weltweit eingeführt ist (5.1, 5.4; Ausnahme: Schweiz) und dass Mitteleuropa inzwischen im Bereich wachsender *östlicher* Missweisung liegt (6-03).

*

Der Inhalt beruht auf jahrzehntelangem praktischen und theoretischen Umgang mit den einschlägigen Orientierungshilfen, auf Fuß-, Ski- und Faltbootwanderungen in Mitteleuropa, Skandinavien, Kanada/USA und Südamerika, auf Erfahrungen im Lehrteam des Internationalen Wildnisführer-Verbands und eigenen Orientierungs- und Kartierungskursen.

*

Begriffe, Schreibweise und Abkürzungen folgen dem Gebrauch der Kartographie, fallweise ergänzt nach DIN 13312 und ISO 8601 für die Navigation in der See- und Luftfahrt, – mit zwei Ausnahmen:

1. Für Abkürzungen sind *hier* die griechischen Buchstaben der Fachsprache durch die Anfangsbuchstaben der deutschen Begriffe ersetzt außer bei α, β, γ (Alpha, Beta, Gamma) für die Dreieckswinkel und Δ (Delta) für »Differenz, Unterschied«.

2. »Missweisung« (Teil 6) steht *in diesem Buch* als *Oberbegriff* für »Deklination« und »Nadelabweichung«, also für *jede* Abweichung der Kompassnadel von den verwendeten Nordlinien der Karte, und folglich auch für »Unterschied zwischen Kartenwinkel und Geländewinkel«.

Fachleute kritisieren diese Abweichung von der DIN-Norm, schlagen aber ihrerseits keinen Oberbegriff vor: See- und Luftfahrt arbeiten immer im Gradnetz *(Deklination)*, Kartographie, Streitkräfte und Rettungsdienste immer im Gitter *(Nadelabwei-*

chung), und die Vermessung verwendet Horizontalwinkel und ist daher von der Missweisung nicht berührt.

*

Für Auskünfte und Abdruckgenehmigungen danke ich
dem Bay. Landesvermessungsamt, dem Bundesamt für Seeschifffahrt und Hydrografie, der Physikalisch-Technischen Bundesanstalt Braunschweig, der Zentralen Vorschriftenstelle des Heeres, Maanmittauslaitos (Helsinki), dem Verlag, den Herstellern der abgebildeten Geräte.

für Rat und Hilfe, Karten und Erfahrungsberichte
Dozent Dr. Harald Agrell (Sveriges geologiska undersökning, Uppsala), Prof. Dr.-Ing. Rüdiger Finsterwalder, Dr. Ulf Gieseler, Prof. Dr. Dr. h. c. Günter Hake, Matthias Harney, Dipl.-Ing. (FH) Petra Helwig, Rechtsanwalt und Dipl.-Verw. (FH) Alexander Hötz, Vermessungsdirektor Dipl.-Ing. Günther Koch, Dr. Monika Korte (Deutsches GeoForschungs Zentrum GFZ Potsdam), Dr. Kristoffer Kristiansen (Statens kartverk Oslo), Dipl.-Ing. Thomas Kühefuß, Prof. Dr. John Mattox, Studiendirektor Helmut Riester, StD Brigitte Sieber-Döhle, Dipl.-Ing. Markus Thalhammer, Karl Thurner (Astronomische Vereinigung Augsburg), Dr. Jon Tolgensbakk (Geografisk Institutt, Universität Oslo), Dipl.-Ing. Helmut Zierhut (Bundesamt für Eich- und Vermessungs-wesen, Wien) sowie Lesern, Kursteilnehmern und – als aufgeschlossenen Wanderkameraden und zuverlässigen, mitdenkenden Helfern – meinen – inzwischen erwachsenen – Söhnen Dipl.-Ing. Peter Linke, Dipl.-Ing. Dieter Linke, Prof. Dr. Heiner Linke.

Allen unseren Lesern und Kursteilnehmern wünschen wir für alle ihre Unternehmungen:
Finden Sie sicher hin und kommen Sie heil zurück!

Dr. Wolfgang Linke ist am 4. Juli 2019 im Alter von 93 Jahren gestorben. Sein Sohn Peter Linke führt das Buch fort; er hat es seit der ersten Auflage begleitet.

1. Karte

Wer auf einer Reise nicht wenigstens Taschenatlas oder digitale Übersichtskarte griffbereit hat, bringt sich um einen Teil der Freude und des Ertrags. Wer ohne Karte wandert, bleibt immer nur Mit- oder Nachläufer.

1.1 Gelände und Karte

»Die Karte vermittelt zwar nicht einen unmittelbaren Natureindruck, ... ist aber trotzdem das vielseitigste Auskunfts- und Orientierungshilfsmittel. Sie ist das konzentrierteste und inhaltlich am besten durchgearbeitete Geländebild, das einzige, das uns ein räumlich geometrisches Erfassen größerer Erdräume vermittelt. Sie zeigt in übersichtlicher Gliederung auch das, was bei der Naturbetrachtung oder in Ansichtsbildern unklar erscheint oder verborgen bleibt, und sie orientiert über ferne, unerreichbare Gebiete. Im Gegensatz zum Nacheinander jeder textlichen Schilderung offenbart die Karte ihren gesamten Inhalt auf einen Blick.«

(Eduard Imhof, Gelände und Karte)

Die kartografische Darstellung einer Landschaft weicht in vierfacher Hinsicht von der Natur ab: Das Kartenbild ist verkleinert, eben, vereinfacht und erläutert. Darin liegen die Vorzüge wie auch die Grenzen jeder Karte.

1.1.1 Die Karte ist verkleinert

Das Verhältnis von Kartenentfernung zu Geländeentfernung ist als ***Maßstab*** im Kartenrand angegeben, z. B. 1:50 000. Was ein großer und ein kleiner Maßstab ist, versteht man besser, wenn man die Angabe mit einem Bruchstrich schreibt: 1/25 ist größer als 1/50, die Landschaft ist also im Maßstab 1:25 000 größer abgebildet als im Maßstab 1:50 000. Wenn man die beiden letzten Stellen der Maßstabszahl streicht, erhält man die Geländeentfernung in Metern für 1 cm auf der Karte. Beim Maßstab 1:25 000 entspricht also 1 cm auf der Karte 250 m im Gelände, (und 4 cm einem Kilometer, »4-cm-Karte«); beim Maßstab 1:50 000 sind 2 cm auf der Karte 1000 m im Gelände (»2-cm-Karte«).

Maßstabszahl = Geländeentfernung [km] x 100 000 : Kartenentf. [cm]
= 100 000 : Gitterweite [cm] (1-09)
Geländeentfernung [m] = Kartenentf. [cm] x Maßstabszahl : 100
Kartenentfernung [cm] = Geländeentf. [m] x 100 : Maßstabszahl
Gitterweite [cm] = 100 000 : Maßstabszahl

Beispiel Maßstab = 1:50 000
Kartenentfernung [cm] = 4,3 cm
Geländeentfernung [m] = (4,3 × 50 000 : 100) = **2150 m**
Gitterweite [cm] = 100 000 : 50 000 = 2 cm

Im Maßstab 1:50 000 entspricht		**1 cm auf der Karte** entspricht		**1 km im Gelände** entspricht	
auf der Karte	im Gelände	auf der Karte	im Gelände	auf der Karte	im Gelände
5 mm	250 m	1 : 15 000	150 m	1 : 15 000	6,65 cm
1 cm	500 m	1 : 25 000	250 m	1 : 25 000	4 cm
5 cm	2,5 km	1 : 50 000	500 m	1 : 50 000	2 cm
10 cm	5 km	1 : 100 000	1000 m	1 : 100 00	1 cm

1-01 *Strecken auf der Karte und im Gelände*

Ist kein Maßstab angegeben und fehlt eine Maßstableiste (1-12), ermittelt man ihn nach den Angaben zum Gitter oder vergleicht Karten- und GOTO-Entfernung.

1.1.2 Die Karte ist eben

Die Oberflächenform einer Landschaft ist das am wenigsten veränderliche und darum verlässlichste Orientierungsmerkmal, im Winter manchmal das einzige, das übrig bleibt. Das Relief lagerichtig so darzustellen, dass es einen räumlichen Eindruck vermittelt, ist aufwändig, und die Deutung verlangt mehr Nachdenken und Übung als jedes andere Darstellungsmittel der Karte.

Höhenlinien

Nach vielen anderen in der Geschichte der Kartografie verwendeten Arten der Höhendarstellung (Haufenzeichnung, Horizontlinien, Seiten- und Schrägansichten, Böschungs- und Schattenschraffen) haben sich für die Maßstäbe topographischer Karten (TK) *äquidistante Schichtlinien* allgemein durchgesetzt. Schraffen sind zwar anschaulicher und zeigen die Fallrichtung an, aber der Neigungswinkel geht daraus nur ungefähr hervor, die genaue Höhe eines Punktes überhaupt nicht.

Höhenlinien verbinden alle Punkte, die gleich hoch über dem Meeresspiegel liegen. Es sind gedachte Linien, also ohne Entsprechung im Gelände. Sichtbar sind sie nur als Uferlinien stehender Gewässer und als Bewässerungsterrassen, an Steilhängen manchmal als Trittspuren von Weidetieren.

Die **Äquidistanz** (lat. *aequus* = gleich, vgl. Äquator) ist der senkrechte Abstand zweier Höhenlinien, also die Schichtdicke. Sie hängt ab vom Maßstab und vom Landschaftstyp, wird im Kartenrand genannt und ist

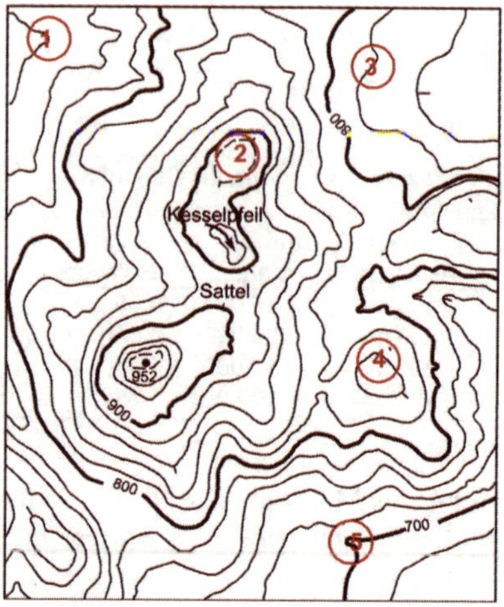

1-02 Höhenlinien, Zähllinien, Hilfslinien, Fallstriche, Kesselpfeil, Sattel (Pass)

für das ganze Kartenblatt gleich. Üblich sind bei topographischen Karten 5 m für Flachland, 10 m für Hügelland und Mittelgebirge und 20 m für Hochgebirge, aber auch 25 m, 40 m und andere Abstände kommen vor.

Auf mehrfarbigen Karten sind die Höhenlinien braun, für Gletscher und Firnfelder blau. Die Karten der Alpenländer verwenden für steinigen Untergrund, also Fels oder Geröll, zusätzlich die Farbe Schwarz. Verstärkte bezifferte Höhenlinien heißen **Zähllinien**. Die Zahlen in der Farbe der Höhenlinien nennen die Höhe über dem Meeresspiegel (ü. M., NN). Deutschland, Österreich und einige andere Länder stellen die Höhenzahlen so, als wären sie auf den Hang gemalt; ihr Kopf weist also aufwärts. Reliefunterschiede zwischen den Höhenlinien werden teilweise durch unterbrochene **Hilfslinien** erfasst (1-02).

Als Merkhilfe für den Verlauf der Höhenlinien dient die aufgelegte eigene Hand, mit dem Handrücken als Kuppe, den Fingern als Rücken und den Zwischenräumen als Tälern.

Bei Tälern zeigen die Höhenlinien, dass Wasser und Eis dort Material fortgeführt haben. Die Kurven ähneln bei genügend großem Maßstab dem Querschnitt des Talbodens: V-förmig im Kerbtal, U-förmig im Trog- oder Muldental, fast eckig im Kastental. Bei Bergen erscheinen die Rücken als talwärts gerundete Bögen, die Rippen als enge Kurven, die Grate als spitze Winkel.

Fallstriche, von einer Höhenlinie abwärts, machen ein Höhenlinienbild mit vielen geschlossenen Formen (kupiertes Gelände, Kuppen- und Kessel-Landschaft) leichter lesbar. Sie finden sich vorwiegend in skandinavischen und OL-Karten (26). **Kessel** bezeichnet man auch mit einem abwärts weisenden Pfeil (»Kesselpfeil«, 1-02).

Schummerung

Ein räumliches Bild vermitteln auch Höhenlinien nur bedingt. Darum werden sie vielfach durch die Schummerung ergänzt. Dabei entsteht der räumliche Eindruck durch eine scheinbar von Nordwesten einfallende Beleuchtung (Schräglichtschummerung, 1-03).

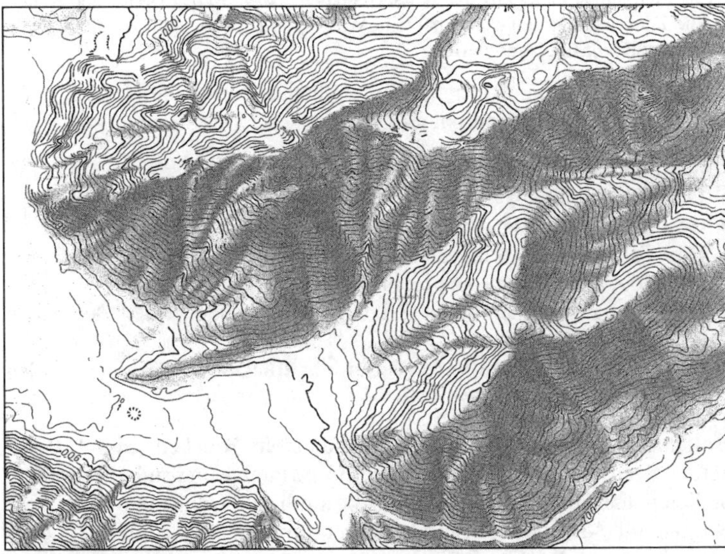

1-03 *Schummerung*

Die **Hangrichtung** ergibt sich nicht überall eindeutig aus den Höhenlinien allein. Klarheit schaffen dann folgende Überlegungen:

- Die Schummerung entspricht einer Beleuchtung aus NW.
- Wasser fließt in den Rinnen, Mulden, Tälern.
- Geröllkegel und -felder liegen am Fuß der Felswände.
- Bäche treten am unteren Rand der Schuttflächen aus.

- Von Gipfeln aus fällt das Gelände nach allen Seiten ab, von Gewässern steigt es – außer in der Abflussrichtung – nach allen Seiten an.

Bäche und Flüsse mit geringem Gefälle werden nur in großen Abständen von Höhenlinien geschnitten. Auf der gefalteten Karte muss man dann die **Fließrichtung** aus dem Kartenbild der Umgebung erschließen.
- Sie kann durch einen blauen Pfeil angegeben sein.
- Bei Einmündungen weist der spitze Winkel talwärts.
- Nach einem Zufluss ist der Bach oder Fluss (vielleicht) breiter.
- Bei Nebenflüssen ist in der Regel die Mündung verschleppt, sie biegen also schon vor der Einmündung in die neue Richtung ein.

Ausnahmen sind hier Bäche, die aus einem Steilhang einmünden oder die Fälle, wo sich durch Verlegung der Wasserscheide (z. B. zwischen Donau und Rhein) die Fließrichtung umgekehrt hat. Ein Wasserlauf (fast) parallel zu Höhenlinien ist immer künstlich geschaffen.

Wer die Höhenlinien in seine Tourenplanung einbezieht, gewinnt auch Stand-, Leit- und Auffanglinien (3.2.1) für seine Orientierung.

Grundregeln zur ***Deutung*** des Höhenlinienbilds sind:
- Dichte Höhenlinien zeigen steiles Gelände an.
- Geschlossene Formen sind Kuppen oder Kessel.
- Die Falllinie, der kürzeste Abstand zwischen zwei Höhenlinien, schneidet alle Höhenlinien rechtwinklig.
- Ein Weg, der Höhenlinien spitzwinklig schneidet, quert den Hang schräg.
- Die Bögen der Höhenlinien weisen auf Rücken talwärts, in Mulden und Tälern bergwärts.

Höhenangaben. Für Orte (Kirchen), Bahnhöfe, Brücken, Gipfel, Berghütten, Seen, Kreuzungen, trigonometrische Punkte und andere markante Stellen nennen deutsche top. Karten die amtlichen Höhen in Metern über Normalnull (NN), bezogen auf den Pegel Amsterdam. In englischsprachigen Ländern und auf Luftfahrtkarten können noch Fuß verwendet sein (1 ft = 0,305 m, 1 m = 3,281 ft). Auf Bahnhöfen steht die Höhe auf der Bahnsteigseite und gilt für die Schienen-Oberkante. Ob blaue Zahlen in Seen für die Wassertiefe oder die Höhe ü. M. stehen, ist fallweise zu klären. GPS-Höhen weichen in der Regel von den Kartenhöhen ab (2.3.3).

Kleinformen. Wenn deutliche Reliefunterschiede wegen ihrer geringen Höhe oder Größe nicht mit Höhenlinien darstellbar sind, verwendet man, soweit es der Maßstab zulässt, einreihige Böschungsschraffen in Fallrichtung (Geländeschraffen, Kantenschraffen, Keilschraffen, 1-04). Dabei gehen die Länder eigene Wege. Unterschieden wird nach Höhe, nach gerundeten oder scharfen Kanten, natürlicher oder künstlicher Böschung, Fels oder Boden. Die Schraffen sind rechteckig oder dreieckig und von unterschiedlicher Länge und Farbe. Was sie aussagen, geht aus der Zeichenerklärung hervor.

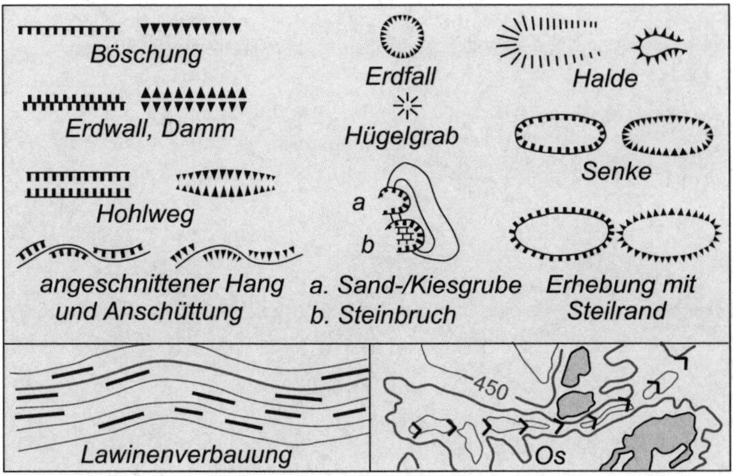

***1-04** Kleinformen*

Außer bei Dünen und Erdfällen handelt es sich vielfach um eiszeitliche Formen wie Strandwälle, Seiten- und Endmoränen, Oser oder Drumlins, aber auch um Steinbrüche, Sand- und Kiesgruben, Halden, Dämme und Hohlwege sowie um angeschnittene Hänge.

Oser sind dammartige Aufschüttungen, die sich in Tunneln oder Spalten des abschmelzenden Inlandeises gebildet haben. Sie sind einige Meter bis 50 m hoch, oft viele Kilometer lang und finden sich auch in Irland (eiscir), Schottland (esker) und Skandinavien (esker, ås, rullstensås, geitrygg, harju). Für die Orientierung stellen sie unübersehbare Leit- und Auffanglinien dar. Auf amerikanischen top. Karten werden sie durch Reihen von rechten Winkeln dargestellt (1-04, rechts unten). Oft dienten sie schon in vorgeschichtlicher Zeit als hochwassersichere Verkehrswege (engl. *highway!*). Auch heutige Fernstraßen liegen auf Osern, so die E 4 nördlich von Uppsala (Schweden), in Südostfinnland (Punkaharju) Straße und Bahnlinie nebeneinander.

Drumlins sind längliche Hügel aus Moränenmaterial mit tropfenförmigem Grundriss, einige hundert Meter lang und einige zehn Meter hoch, mit der Längsachse in der ehemaligen Bewegungsrichtung eines eiszeitlichen Gletschers.

Freie Felszeichnung auf den Karten der Alpenländer (1-05) macht auch kurze Grate, Rippen und Rinnen sichtbar. Dabei werden nur die Zähllinien dargestellt. Schwarze Punktreihen in Falllinie bezeichnen Geröllfelder.

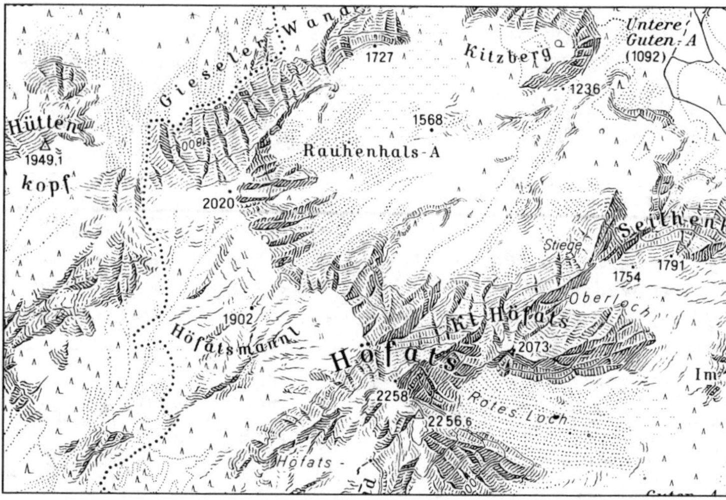

1-05 *Die Felszeichnung auf Karten der Alpenländer zeigt in schwarzer Farbe Grate, Rinnen und (punktiert) Geröllflächen.*

Steilwände und auch große, weithin sichtbare Wasserfälle sind mit Höhenlinien nicht angemessen darstellbar, Überhänge gar nicht. Solche Stellen erkennt man daran, dass sich dort mehrere Höhenlinien vereinigen oder dass sie abbrechen, wo sie sich berühren würden. Der Höhenunterschied lässt sich dann nur seitlich davon ermitteln.

Aus den Höhenlinien kann man ein Profil gewinnen, aber nur überhöht sagt es etwas aus. Beim *Bergprofil* (oder Talquerschnitt, 1-06a) überträgt man die Abstände aus der Karte senkrecht auf die entsprechende Höhenstufe (1-06a). Für ein *Wegprofil* (1-06b) wird die Strecke zwischen zwei Höhenlinien zunächst waagerecht angetragen und dann lotrecht auf die zutreffende Höhenstufe übernommen. So erhält man die (relative) Schrägentfernung.

Digitale Karten (1.4) erzeugen auch Profile und perspektivische Ansichten.

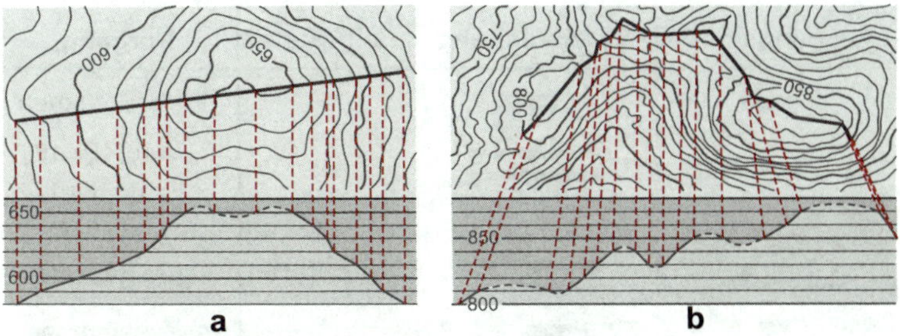

1-06 *Profile a) Berg, b) Weg*

1.1.3 Die Karte ist vereinfacht

Karten sollen inhaltsreich sein und doch lesbar bleiben. Zwischen diesen beiden Forderungen vermittelt die Generalisierung (Vereinfachung): Symbole ersetzen Abbildungen, Klassen und Stufen gliedern die Vielfalt.

Was beim Vereinfachen geschieht, zeigt der Übergang in einen kleineren Maßstab (1-07). Sich eine Landschaft nach dem Kartenbild vorzustellen, erfordert stets Gedankenarbeit und vielfach Landes- oder Ortskenntnis. So entsprechen den Zeichen für Siedlung, Wald, Fluss in anderen Klimazonen und Kulturen völlig andere Bilder.

Das Relief ist im Höhenlinienbild geglättet. Beim *Wald* unterscheiden die Wanderkarten meist nur Laubwald, Nadelwald und Mischwald.

Für *kultivierte Flächen* gibt man auf top. Karten nur die Dauernutzung an, z. B. Wiese/Weide, Wein, Obst, Hopfen. In Mooren sind begehbare und unbegehbare Flächen nicht immer unterschieden. Auf neuen top. Karten zeigen die Liniensymbole für Freileitung und Liftanlagen auch die Mastenstandorte. Bei *Gebäuden* wird die Firstrichtung beachtet, aber der Grundriss kann vereinfacht sein. Für einen Bauernhof mit mehreren Nebengebäuden steht je nach Maßstab vielleicht nur ein einziges Zeichen für Haus. In Siedlungsgebieten fasst man bei entsprechenden Maßstäben ganze Häusergruppen in einem einzigen Zeichen zusammen.

Alle Liniensymbole sind breiter, als dem Maßstab entspricht. Sonst wäre ein Fußweg von 1 m Breite im Maßstab 1:50 000 nur 1/50 mm breit, eine Autobahn nur ½ mm. Eine Bundesstraße, eine Bahnlinie und ein Bach sind zusammen vielleicht keine 20 m breit; doch auf der TK 50 nehmen sie – auch ohne die Zwischenräume für Bahndamm, Straßen- und Uferböschung – eine Breite von wenigstens 120 m ein. Was unmittelbar seitlich davon liegt, auch die Höhenlinien, wird verdrängt, ist also nicht lagerichtig oder überhaupt nicht dargestellt.

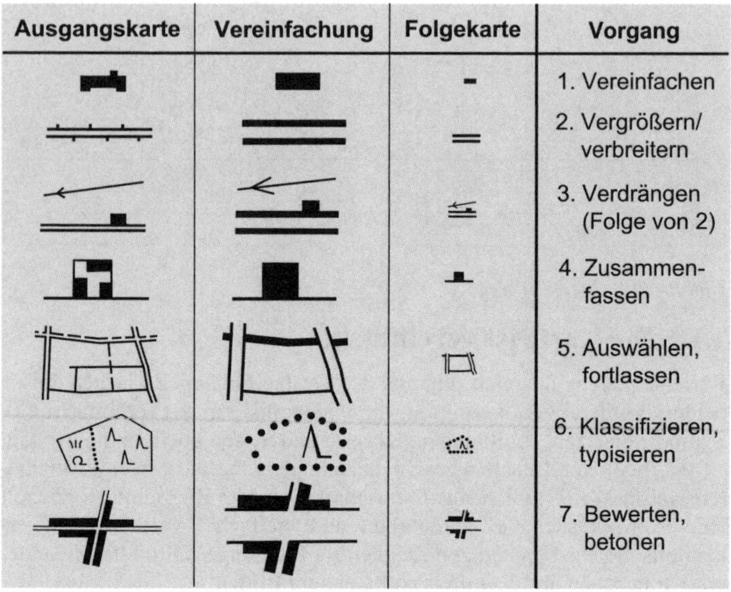

1-07 *Die Vorgänge beim Vereinfachen (Generalisieren)*

Gewundene Bäche und Flüsse, Klettersteige, Pass- und Fjordstraßen erscheinen in der Karte kürzer, wenn sich die Schlingen im Kartenmaßstab nicht mehr lesbar abbilden lassen.

Für den Kartennutzer heißt das:

- Aus dem Maßstab ergibt sich, was überhaupt noch darstellbar ist.
- Für Punkt- und Liniensymbole und für kurze Strecken darf man die wahren Maße nicht der Karte entnehmen.
- Auf der Karte verschwinden die Windungen eines leicht geschlängelten Weges in der (zwangsläufig übertriebenen) Strichstärke.
- Als Standort für den Kompasskurs wählt man nicht ein Symbol an einem Fluss oder einer Straße, sondern die Fluss- oder Straßen*mitte*.
- Weithin sichtbare Landmarken (Kirchturm, Kühlturm, Funkmast, Fabrikschornstein, Wasserfall) sind im Kartenbild weniger auffällig als im Gelände oder (durch ihren Schatten) im Luftbild.
- für Kartenzeichen im Aufrissbild (Windmühle, Leuchtturm) gibt der *Fußpunkt* die genaue Lage an, sonst die Mitte oder der Schwerpunkt.

1.1.4 Die Karte ist erläutert

Selbst ein farbiges Luftbild wirkt stumm neben dem erläuterten Grundrissbild der Karte. Dass die Schrift für Siedlungsnamen von West nach Ost verläuft, ersetzt zwar keine Nordlinien, erinnert aber daran, dass auf topographischen Karten »Norden oben« ist, – auf Straßenkarten allerdings nicht immer. Aus der *Schrift* geht die Ortsgröße hervor: (in Deutschland) größere Schrift für Städte, kleinere Buchstaben für Dörfer, Schrägdruck für Ortsteile. Bei Flüssen und Gebirgen folgt die Schrift dem Verlauf, und auch Flur- und Landschaftsnamen müssen nicht waagerecht stehen. Namen verraten manchmal deutlicher als das Kartenbild, was einen vor Ort erwartet (4.7).

Abkürzungen neben den Zeichen für Gebäude geben Auskünfte, die weder durch gründliches Kartenstudium noch durch aufmerksames Beobachten zu erhalten wären (z. B. Jugendherberge, Krankenhaus, Zollamt). Bei *Straßen* und Wegen zeigt die Strichart den Ausbauzustand, also Breite, Zahl der Fahrbahnen, Befestigung und Befahrbarkeit. Die deutschen top. Karten nennen auch die gesetzliche Klassifizierung und die Straßennummer von der Europastraße bis zur Kreisstraße. Neben eingetragenen Kilometersteinen kann eine Kilometerzahl stehen. Aus der Karte ist auch die *Verwaltungsgliederung* zu ersehen. Wander- und Umgebungskarten heben Wander- und Radwege, Freizeiteinrichtungen und Sehenswürdigkeiten hervor.

Die Karten des ehemaligen Ostblocks enthalten noch weitere Angaben. Bei Wäldern sind Baumgattung, Baumhöhe, Stammdurchmesser und Baumabstand angegeben, bei Flüssen und Bächen die Breite, Tiefe, Fließgeschwindigkeit und der Gewässergrund (z. B. s = sandig), bei Brücken Baumaterial, Länge, Breite und Tragfähigkeit, also allgemein »Passierbarkeit, Schutz- und Tarneigenschaften des Geländes«.

1.2 Topographische Karte

Der Herausgeber ist von Interesse, weil nur amtliche top. Karten unmittelbar auf Vermessung beruhen, Da sie den unterschiedlichen Ansprüchen verschiedener Benutzer gerecht werden müssen, sind sie inhaltlich am reichhaltigsten und werden in regelmäßigen kurzen Abständen nachgeführt.

Für jede gewerbliche Nutzung ist die Genehmigung zu Vervielfältigung und Ausschnittvergrößerung bzw. -verkleinerung beim Herausgeber einzuholen. Die Landesvermessungsämter (für die Grundkarte die Vermessungsämter) stellen

Kopien und Maßstabsänderungen gegen eine Gebühr auch selbst her. Die USA gestatten die kostenlose Nutzung ihrer amtlichen Karten mit der einleuchtenden Begründung, dass sie ja mit Steuermitteln hergestellt sind.

Andere Herausgeber (Verlagskartographie, Fremdenverkehrsämter) vereinfachen die amtlichen Karten oft so stark, dass sie sich nur noch bedingt für die Orientierung eignen. Als Erstes entfallen die Höhenlinien und die Angaben zu Gradnetz, Gitter und Missweisung. Dann kann man weder mit GPS arbeiten noch Steigungen beurteilen oder nach der Karte Rast- oder Zeltplätze auswählen.

Diese Vorbehalte gelten ausdrücklich nicht für die Alpenvereinskarten.

Kartenrand und Kartenrahmen. Erst mit den Angaben im Rand und im Rahmen und lässt sich die Karte voll nutzen. Da jedes Land über Auswahl und Anordnung solcher Angaben selbst entscheidet, wird hier genannt, wonach es überhaupt zu suchen lohnt.

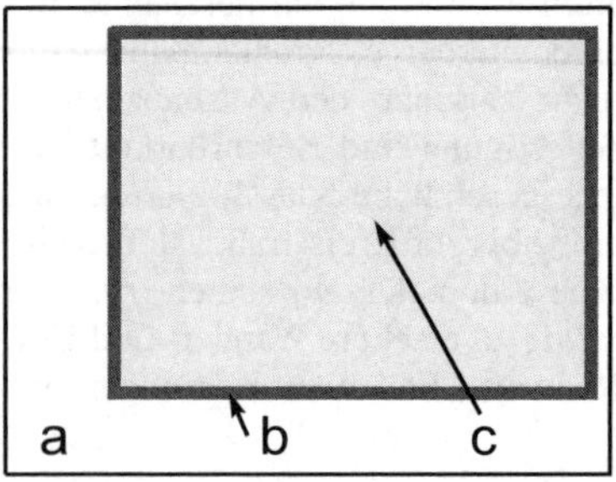

1-08 *Kartenblatt*
a) Kartenrand
b) Kartenrahmen
c) Kartenfeld

Name und Nummer des Kartenblatts braucht man für die Bestellung und um bei einer Notfallmeldung (7.5.1) anzugeben, nach welcher Karte die Standort-Koordinaten ermittelt sind. Im Kartenrahmen oder auf einer Beikarte stehen Namen und Nummern der *Anschlussblätter*.

Der **Maßstab** (1.1) steht im unteren Kartenrand oder bei der Legende. Nach einer zusätzlichen Maßstableiste (grafischer Maßstab, 1-12) lassen sich Entfernungen leichter ermitteln.

Auch die englischsprachigen Länder verwenden jetzt das metrische System. Die »krummen« Maßstäbe älterer Karten, z. B. 1:24 000, 1:31 680, 1:63 360, gehen auf die Längenmaße Zoll, Fuß und Meile zurück. Höhen können weiterhin in Fuß angegeben sein.

Kartenzeichen und **Abkürzungen** werden, nach Sachgebieten geordnet, in der ***Zeichenerklärung*** *(Legende)* im Kartenrand erklärt. Dort oder beim Maßstab sind auch die **Äquidistanz** (13) und der Unterschied zwischen GPS- und Kartenhöhe (2.3.3) angegeben.

Neue top. Karten nennen die **geodätischen Grundlagen** (Teil 5). Das UTM-Gitter ist eingedruckt und im Rahmen beziffert, die geographische Breite und Länge wird für die Blattecken angegeben, die Minutenabstände für das Gradnetz (5.3.2) sind im Kartenrahmen angerissen.

Die **Missweisung** (Teil 6) kann für ein bestimmtes Jahr in einem laufenden Text oder graphisch angegeben sein, auch mit der erwarteten Veränderung. Gebiete mit magnetischer Störung werden meist nur auf Seekarten eingezeichnet. *Fehlende Angaben bedeuten jedenfalls nicht, dass es keine Störungen gibt.*

Aus dem **Erscheinungsjahr** ergibt sich, bis wann Veränderungen in der Landschaft bestenfalls berücksichtigt sein können.

Für den **Berichtigungsstand** gilt bei deutschen top. Karten die Abstufung

- *Umfassende Aktualisierung: Vollständige, durchgreifende Fortführung des gesamten Karteninhalts aufgrund von Luftbildauswertungen und örtlichen Erkundungen.*
- *Einzelne Ergänzungen: Wichtige Ergänzungen bzw. Veränderungen einzelner topographischer Objekte (Umgehungsstraßen, neue Siedlungen, Stauseen usw.)*

Um das Kartenbild zu entlasten, gibt man *Verwaltungsgrenzen* oft in einer Beikarte an.

Das **Sollmaß** für die Höhe und Breite des Kartenfeldes lässt für sehr genaue Messungen die Veränderungen der Papiermaße erkennen, die durch wechselnde Luftfeuchtigkeit entstehen.

Ausdehnung und Schrumpfung des Papiers unterscheiden sich in Längs- und Querrichtung und betreffen auch die aus der Karte ermittelten Entfernungen und Winkel. Für Wanderer wird die Brauchbarkeit dadurch nicht beeinträchtigt.

Die Höhe des Kartenfelds braucht man, um rechnerisch gewonnene MaN-Linien einzuzeichnen (6.4.3).

In Skandinavien werden auf amtlichen Karten auch Bestandteile von geographischen Namen erklärt oder übersetzt. Mit ihrer Hilfe erkennt man unterwegs manche Stelle allein nach dem Aussehen (4.7). Die norwegische TK 50 bietet auf der Rückseite eine alphabetische Liste der geographischen Namen mit ihren Koordinaten.

Allgemein am orientierungsfreundlichsten sind die skandinavischen Karten. Bei der Gebirgsdarstellung stehen an der Spitze die Alpenvereinskarten und die amtlichen Karten der Alpenländer.

In Grenzgebieten lohnt ein Kartenvergleich, denn die Unterschiede zwischen Nachbarländern können ins Gewicht fallen: Ausgabejahr und Berichtigungsstand; Gitter; Äquidistanz; Koordinatenzahlen im Kartenbild; Angaben zu den geodätischen Grundlagen, zu Deklination, Nadelabweichung, Meridiankonvergenz und Ortszeit; Schummerung; Doppelbuchstaben für die 100-km-Quadrate (MGRS, 111); Mastenstandorte, deutliche Waldränder, einzelne Symbole; Übersetzung geographischer Namen.

Je gespannter das Verhältnis zwischen benachbarten Staaten oder je zweifelhafter ein politisches System ist, umso schwerer erhältlich und umso weniger zuverlässig sind die überhaupt erhältlichen topographischen Karten. Auch in der DDR wurden vielfach »die Lagerelationen zwischen den Objekten verfälscht dargestellt«. Die *»Ausgabe für die Volkswirtschaft«* galt als Vertrauliche Dienstsache und war nicht allgemein zugänglich, die (militärische) *»Ausgabe für den Staat«* sogar Geheime Verschlusssache. Auf den Karten der Sowjetunion wurden ganze Städte hin- und hergeschoben.

Blattschnitt. Beim Regelblattschnitt der amtlichen top. Karten gibt es keine Überlappungen. Bei der vierstelligen Blattnummer der deutschen TK wachsen die beiden ersten Ziffern von Nord nach Süd und die beiden letzten von West nach Ost. Blatt 1015 der TK 25 zeigt einen Teil der Insel Sylt, der Feldberg liegt auf Blatt 8114, der Watzmann auf Blatt 8443.

Umgebungskarte. Da der Regelblattschnitt der topographischen Karten oft Wandergebiete zerschneidet, stellt man auch amtliche Umgebungskarten her, Zusammendrucke von amtlichen Kartenblättern. Die abgebildete Fläche ist stets größer als beim Regelblattschnitt (1-10). Inhaltlich sind es top. Karten mit zusätzlichen Angaben für Wanderer. Suchen Sie

	Maßstab		
	1 : 25 000	**1 : 50 000**	**1 : 100 000**
Kurzbezeichnung	TK 25	TK 50	TK 100
Kennbuchstabe	ohne	L	C
Bezeichnung nach der 1-km-Strecke	4-cm-Karte	2-cm-Karte	1-cm-Karte
alter Name	Messtischblatt	Deutsche Karte	Generalstabskarte
Breite	10 Längenminuten 11,9 km *)	20 Längenminuten 23,8 km *)	40 Längenminuten 47,6 km *)
Höhe	6 Breitenminuten 11,1 km	12 Breitenminuten 22,2 km	24 Breitenminuten 47,6 km
abgebildete Fläche	132 km² *)	529 km² *)	2116 km² *)
Format	einheitlich 47,6 cm breit, 44,4 cm hoch		
besondere Eignung	Bergwandern	vielseitig, am besten nachgeführt	Wasserwandern

*) auf 50° Breite. Die Zahlen wachsen von Nord nach Süd

***1-09** Deutsche topographische Karten*

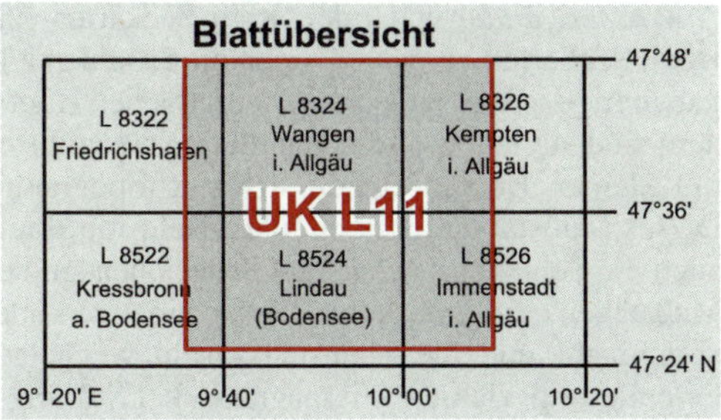

1-10 *Umgebungskarten reichen über den Regelblattschnitt hinaus – hier: Blatt Lindau-Oberstaufen und Umgebung.*

bei Wanderkarten zuerst nach den *amtlichen* Umgebungskarten. In Deutschland tragen sie vor der Blattnummer die Bezeichnung UK, z. B. »UK L 11 Lindau-Oberstaufen und Umgebung« (1-10).

Maßstäbe und Arten. Ein großer Maßstab erleichtert das Gehen nach dem Kompass, denn Richtungswinkel lassen sich genauer bestimmen, wenn auf der Karte Zentimeter statt nur Millimeter zwischen Standort und Ziel liegen.

Für *Bergwanderer* ist der Massstab 1:25 000 am besten geeignet, ebenso für jeden, der Feinheiten der Oberflächenform berücksichtigen oder beobachten oder einzelnen topographischen Gegenständen nachspüren möchte. Entfernte Gipfel findet man dann freilich nicht mehr auf demselben Blatt. Der Regelmaßstab für die Karten des Alpenvereins ist 1:25 000; die neuen Blätter enthalten auch das UTM-Gitter. Die größere Reichhaltigkeit der 4-cm-Karte hat ihren Preis: doppelt so häufiges Umfalten und – verglichen mit Blättern 1:50 000 – die vierfache Blattzahl für die gleiche Fläche. Das kann für eine lange Wanderung zu einer Geld- und Gewichtsfrage werden. ***Fernwanderer*** werden darum den Maßstab 1:50 000 vorziehen, der vielseitig brauchbar ist und – weil ihn auch das Militär verwendet – am besten nachgeführt wird.

Für *Radwanderer* genügt ein kleinerer Maßstab. Der Allgemeine Deutsche Fahrrad-Club gibt für Deutschland eine Radtourenkarte 1:150 000 heraus. Sie beruht auf der Übersichtskarte 1:200 000 (TÜK 200) und enthält zusätzlich die für Radfahrer wichtigen Angaben zu Verkehrsdichte, Oberflächenqualität und Steigungen. Für Gebiete rund um die Ballungsräume veröffentlicht der ADFC Regionalkarten 1:50 000 und 1:75 000 auf der Grundlage von topographischen Karten. Bisher fehlen Angaben zu Gradnetz und Gitter.

Wasserwanderer würden wohl Seekarten für die beste Wahl halten. Doch Seekarten vernachlässigen die Landdarstellung, und die vielen Angaben für das Wasser kann man im flachen Boot gar nicht nutzen. Außerdem sind sie teurer und unhandlich groß und steif. Zum Wasserwandern mit kleinen Booten eignen sich gut topographische Karten 1:100 000. Dieser Maßstab zeigt noch alle Inseln mit ihrem genauen Umriss, und auch die Schifffahrtswege und Seezeichen sind dargestellt. Bei kleineren Maßstäben sind Uferlinien, Flusswindungen und die Umrisse der Inseln vereinfacht und die kleinsten Inseln weggelassen; das erschwert die Orientierung. Gebiete mit magnetischer Störung übernimmt man ggf. aus einer Seekarte. Kanu-Verbände geben großmaßstäbige Flusswanderkarten heraus, mit Zusatzangaben, z. B. über Schleusen, Mühlen, Park- und Biwakplätze.

Orientierungsläufer erhalten zum Wettkampf eine eigens gezeichnete vierfarbige **OL-Karte**. Der Maßstab liegt zwischen 1:10 000 und 1:20 000; am gebräuchlichsten ist 1:15 000. Als Äquidistanz sind 5 Meter üblich; senkrechte Linien weisen nach MaN. OL-Karten vernachlässigen offenes Gelände und Siedlungen. Der Wald, das eigentliche Wettkampfgelände, bleibt weiß. Nur wo die Läufer durch Ranken, Unterholz oder Dickicht behindert werden, geben abgestufte Grüntöne die Belaufbarkeit an. Eigene Kartenzeichen für z. B. Grenzstein, Wurzelstock, Hochsitz, Futterkrippe erleichtern die Orientierung und bieten Postenstandorte.

Wegen der Reichhaltigkeit der OL-Karten kann man das Kartenlesen und das Gehen nach dem Kompass damit besser lernen und üben als mit jeder anderen Kartenart. Aber gerade wegen der vielen Einzelheiten veralten sie sehr schnell. Ob es OL-Karten für den Heimat- oder Urlaubsort gibt, erfährt man bei den Verkehrsämtern, den örtlichen Sportvereinen oder den Landes-Sportverbänden. In Skandinavien haben sich Tausende Schulen eigene einfarbige Übungskarten geschaffen, und OL-Karten werden in den örtlichen Buchläden verkauft. Manchmal werben Gemeinden mit stehenden Postennetzen, die alle paar Wochen verändert werden.

Nordlinien. Alle Kompassarbeit verlangt Nordlinien auf der Karte. Für das Gradnetz (5.3) werden die Längen- und Breitenminuten im Kartenrand oder als Schnittkreuze im Kartenbild angegeben. In neue top. Karten ist das UTM-Gitter eingedruckt. Seekarten haben stets ein eingedrucktes Gradnetz. In Karten ohne Angaben zeichnet man ggf. das UTM-Gitter selbst ein (5.4.5). Für die Kurs- und Standortbestimmung braucht man auch die waagerechten Linien von Gradnetz oder Gitter (geographische Breite, Nordwert).

Schutz und Einträge. Um die Karte vor Feuchtigkeit, Schmutz und Abrieb zu schützen, besprüht man sie mit (z. B.) Klarlack seidenmatt. Das ist billiger und einfacher als das Beschichten mit Folie, erhöht das Gewicht nicht – und gelingt immer. Wasserdicht verwahrt wird die Karte, entsprechend gefaltet (2-10), in einer durchsichtigen Hülle mit Rollverschluss oder in einem Folienbeutel, den man mit einem Klebeband verschließt.

Plastik-Isolierband haftet auch dann noch, wenn es nass wird, hinterlässt keine Klebstoffspuren und lässt sich unterwegs leicht lösen und erneut verwenden – so lange es nicht in den Sand fällt. Eine Karte 1:100 000 muss man auf einer Wasserwanderung täglich umfalten, also immer wieder aus dem Beutel herausnehmen. In einigen Ländern sind Wanderkarten auch auf »nassfestem« Papier und sogar auf Folie erhältlich.

Für eigene Einträge (Gitter, Nachträge/Berichtigungen, Streckenplanung, Standortbestimmung) verwendet man dann wasserfesten oder abwaschbaren Folienstift. Hellviolett hebt sich ab und verdeckt den Druck nicht. Oft wird es genügen, auf die Leerkarte oder die Kartenhülle zu zeichnen oder überhaupt nur eine Zeichnung auf Transparentpapier aufzulegen.

Kartenkauf. Der Kartenkauf vor der Abreise ist nicht nur zur Vorbereitung anzuraten. In manchen Zielländern sind sie teurer und schwieriger zu beschaffen, und man bekommt vielleicht nur veraltete Ausgaben oder gar keine, weil sie am Ausgangsort ausverkauft sind. Der Kartenteil der Ausrüstungskataloge enthält meist nur Übersichtskarten. Einzelblätter der amtlichen topographischen Kartenwerke, Umgebungs-, Naturpark- und Freizeitkarten kann man aber nach den Kartenverzeichnissen der Vermessungsbehörden und/oder nach dem Geo-Katalog bestellen. Er ist online abrufbar.

Luftfahrtkarten sind ein Notbehelf, wenn man für überseeische Länder keine neueren oder überhaupt keine topographischen Karten bekommt. Sie werden alle zwei Jahre nachgeführt und haben eingedruckte Linien gleicher magnetischer Deklination (Isogonen, 6-04c).

1.3 Luftbild, Luftbildkarte

Für Gebiete, von denen es keine top. Karten gibt oder wo sich die Landschaft schnell verändert, kommen ergänzend oder ersatzweise auch Luftbilder in Frage. Originalaufnahmen haben eine Seitenlänge von 23 cm.

Die für den Wanderer wichtigen Angaben finden sich im Rand, teils als Einspiegelung der Instrumente, teils als handschriftlicher Eintrag: Maßstab, Aufnahmetag und – wichtig für die Schattenrichtung – Uhrzeit der Aufnahme.

Luftbilder werden in Reihen hergestellt, bei denen die Einzelbilder überlappen. Wenn man zwei von benachbarten Kamerastandorten aufgenommene Fotos desselben Geländes durch einen Stereobetrachter anschaut, wirkt das Bild dreidimensional.

Nur Senkrechtaufnahmen ergänzen die Karte wirksam. Nach der Brauchbarkeit für den Kompasswanderer sind darum zu unterscheiden: Die **einfache Senkrechtaufnahme** ist fast immer verzerrt, also lassen sich Winkel und Entfernungen nicht zuverlässig messen. Als Ergänzung zum Kartenbild bei Gletscherspalten und Gletscherflüssen, Lavafeldern, Mündungsdeltas oder Wanderdünen kann sie dennoch wertvoll sein. Wenn man Maßstab und Nordrichtung einer **entzerrten Senkrechtaufnahme** ermitteln kann, ist sie für Landschaften ohne nennenswerte Höhenunterschiede (ebenes Gelände, Plateaugletscher, Urwaldflüsse) beinahe ein Kartenersatz. Denn die durch den Kamerawinkel bedingten Verzerrungen sind ausgeglichen, nicht allerdings die Lagefehler, die durch Höhenunterschiede im Gelände entstehen und die nach den Bildrändern hin wachsen.

Beim **Orthofoto** sind auch die durch Höhenunterschiede bedingten Lagefehler ausgeglichen. Das Bild ist also winkel- und längentreu. Mit Nordlinien erlaubt es die Kompassarbeit wie eine top. Karte.

Im Blattschnitt und Maßstab amtlicher Karten (auch 1:5000 und 1:10 000) werden von den Vermessungsbehörden auch **Luftbildkarten** (Orthophotokarten) hergestellt. Sie tragen vor der Nummer den Kennbuchstaben L und enthalten das Koordinatensystem, Höhenlinien und ausgewählte Ortsnamen, und erlauben die Kompassgebrauch wie eine top. Karte. Den Bildinhalt geben sie maßstabtreu und lagerichtig wieder und lassen sich spannungsfrei aneinander fügen und zum Abgreifen von Maßen verwenden, aber kaum falten.

1.4 Digitale topographische Karte

Für GPS-Geräte, PC und Smartphones mit GPS-Funktionen werden digitale top. Karten angeboten, sowohl von kommerziellen Anbietern wie auch kostenlos (und legal) aus dem Internet. ***Raster****karten*, z. B. die blattschnittfreien amtlichen deutschen Karten **Top50**, entsprechen gescannten

Papierkarten und bieten auf jeder Zoomstufe den gleichen Inhalt. ***Vectorkarten*** zeigen beim Vergrößern weitere elektronisch hinterlegte Einzelheiten und können zusätzlich z. B. Wanderwege und Straßennamen bieten.

GPS-Geräte nehmen digitales Kartenmaterial im festen Speicher und/oder über externe Speicherkarten auf. Die Preise für kommerzielle Karten liegen allerdings teilweise über denen des eigentlichen GPS-Geräts. Für wegloses Gelände sind GPS-Karten immer nur ein Notbehelf; auf Straßen und in Ortschaften sind sie nicht annähernd so hilfreich wie ein Fahrzeug-Navigationsgerät.

Am **PC-Bildschirm** steht eine blattschnittfreie große Fläche für die Tourenplanung zur Verfügung. Koordinaten und Höhe werden angezeigt und lassen sich z. B. für Wegpunkte übernehmen, die man auf das Gerät übertragen kann. Man kann Entfernungen und Höhen messen und Höhenprofile sowie dreidimensionale und perspektivische Ansichten erzeugen.

Für Fluss- und Fernwanderungen ist vorteilhaft, dass man sich beim Ausdrucken auf die wirklich benötigten Geländeteile beschränken kann. So spart man die Kosten und das Gewicht vieler Kartenblätter, von denen man nur Teile braucht, kann (vergrößerte) Zweitexemplare mitnehmen und bedenkenlos hinein schreiben und zeichnen. Der ausgedruckte Streifen sollte aber so breit sein, dass er auch noch Seitenpeilungen und ggf. Umwege erlaubt. Wegen der wasserempfindlichen Druckertinte empfehlen sich Schutzhüllen.

Google Earth zeigt echte Satellitenbilder, bei entsprechendem Maßstab sogar Straßennamen, und kann kostenlos aus dem Internet geladen werden (www.google.de, Suchbegriffe Google Earth). Mit Programmen wie *BaseCamp* (Nachfolger von Mapsource, beide von Garmin, www.garmin.de) oder *QuoVadis GPS* (quovadis-gps.com) lassen sich Wegpunkte und Routen auf das jeweilige Gerät übertragen. Das Projekt *OpenStreetMap* (www.openstreetmap.de) bietet für viele Teile der Welt kostenfreie digitale Karten in einer beachtlichen Qualität, und man kann selbst aktiv an dem Projekt mitarbeiten.

1.5 Thematische Karte

Topographische Karten dienen der *allgemeinen* Orientierung. Mit zusätzlichen Einträgen, z. B. »mit Wanderwegen und Radwanderwegen« oder »mit Skiwanderwegen«, sind sie eine Übergangsform zu den thematischen Karten. So nennt man Karten, die ein ***eng begrenztes und im Titel genanntes raumbezogenes Thema*** darstellen. Die Themen sind fast unbegrenzt. Die Maßstäbe reichen von Plan oder Grundkarte bis zur Atlaskarte. Einige Arten unterstützen die Touren-Vorbereitung z. B. Bevölkerungskarte, Freizeitkarte, Forstkarte, Geologische Karte, Gewässerkarte, Historische Karte, Isogonenkarte, Jagd- und Fischereikarte, Klimakarte, Küstenkarte, Luftfahrtkarte, Museumskarte, Naturparkkarte, Straßenkarte, Wassersportkarte, Wetterkarte, Wirtschaftskarte.

Welche Auswahl ein bestimmtes Land bietet, entnimmt man den Kartenkatalogen oder -faltblättern der Vermessungsbehörden, die online abrufbar sind und auf Anforderung kostenlos versandt werden. Schweden versieht seine Kartenserie »Abenteuerkarte« auf der Rückseite mit ausführlichen Hinweisen für Touristen.

1.6 3D-Karte

(Blindenkompass, 40)

Blinden und Sehbehinderten helfen dreidimensionale Straßenkarten, den richtigen Weg zu finden. Auf solchen »taktilen Karten« lassen sich Hindernisse oder bestimmte Orte anhand unterschiedlicher Oberflächenstrukturen erfühlen. *Touch Mapper* (9.6) stellt Kartenausschnitte nach Wunsch her, oder man druckt sie auf einem 3D-Drucker selbst aus.

1.7 Übungen

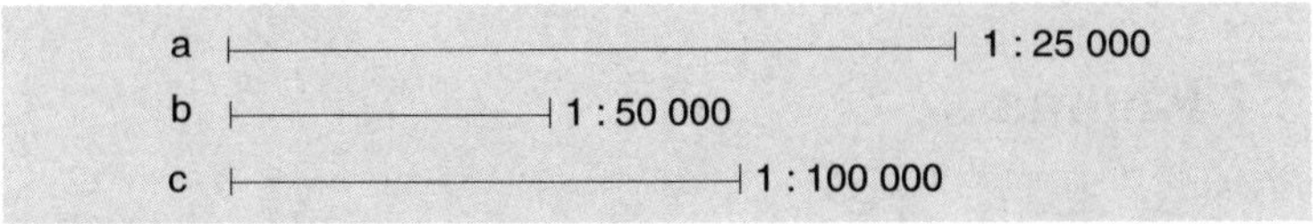

***1-11** zu Aufgabe 1.7.2*

1.7.1 Welcher Strecke einsprechen 2,8 cm auf der Karte im Maßstab
a) 1:50 000, b) 1:15 000, c) 1:200 000, d) 1:25 000?

1.7.2 Welcher Strecke entsprechen die Linien in 1-11?

1.7.3 Welchen Maßstab haben a) 5-03 (auf 40°N), b) 5-09?

1.7.4 Halten Sie fest, was Sie aus einer Karte 1:25 000 für ein unbekanntes Wegstück von etwa 3 km Länge herauslesen können. Beantworten Sie dabei folgende Fragen:
- In welcher Höhe liegt das Gebiet?
- Steigt oder fällt der Weg?
- Führt der Weg durch Wald, durch offenes Gebiet oder durch Siedlungen?
- In welcher Richtung fließen die Gewässer?
- Welche Leit- und Auffanglinien (70) bietet das Gelände?
- Welche Orientierungspunkte seitlich des Weges sind zu erwarten?

Gehen Sie dann diesen Weg und stellen Sie fest, was Sie nach der Karte nicht erwartet hatten. Prüfen Sie anschließend auf der Karte nach, wie viel davon doch dargestellt war.

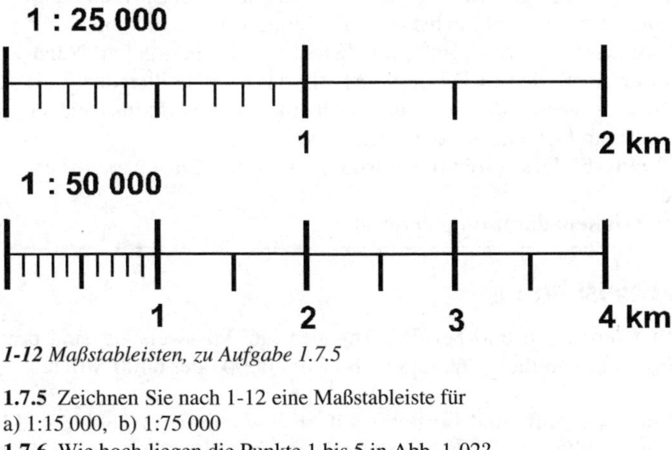

***1-12** Maßstableisten, zu Aufgabe 1.7.5*

1.7.5 Zeichnen Sie nach 1-12 eine Maßstableiste für
a) 1:15 000, b) 1:75 000

1.7.6 Wie hoch liegen die Punkte 1 bis 5 in Abb. 1-02?

2. Weitere Orientierungshilfen

2.1 Kompass

Eignung 2-04

Die Mehrzahlform von Kompass – laut Duden – ist *Kompasse*. Aber die häufig verwendete *falsche* Form »Kompanten«, die jemand wohl einmal nach dem Muster »Atlas/Atlanten« gebildet hat, beeindruckt offenbar so, dass einer sie vom anderen abschreibt.

Die Kompassnadel zeigt *nicht* zum geographischen oder magnetischen Nordpol, sondern richtet sich nach den örtlichen magnetischen Feldlinien aus. Sie verlaufen nicht geradlinig von Pol zu Pol und sind vielfach noch örtlich gestört. Die Kurven in 6-03 sind keine magnetischen Feldlinien, sondern Isogonen, d. h. sie verbinden Orte mit etwa gleich großer Abweichung von Geographisch-Nord.

2.1.1 Wesentliche Teile

Die in diesem Buch gezeigten Verfahren verlangen einen modernen Lineal- oder Spiegelkompass (2-01, 3-04) mit den Merkmalen

- **lange Anlegekanten** (Längskanten, »Lineal«), sodass man Punkte auf der Karte möglichst ohne Hilfslinie verbinden kann
- **Kompassdose drehbar, durchsichtig,** mit parallelen **Nordlinien** im Boden (= Dosengitter), um das Kartengitter durch die Dose zu sehen und Winkel unmittelbar von der Karte ins Gelände oder vom Gelände auf die Karte zu übertragen
- **Magnetnadel stabförmig**, um das Dosengitter danach auszurichten
- **Flüssigkeitsdämpfung** der Nadel

2.1.2 Kreisteilung

Bei den Kompassen und bei den Angaben zur Missweisung sind drei Kreisteilungen möglich: 360 Grad, 400 Gon, 6000 oder 6400 Strich.

Grad. In der Schiff- und Luftfahrt teilt man Vollkreis in 360° (Grad). Dabei ist 0°/360° die Nordrichtung, 90° Osten, 180° Süden und 270°

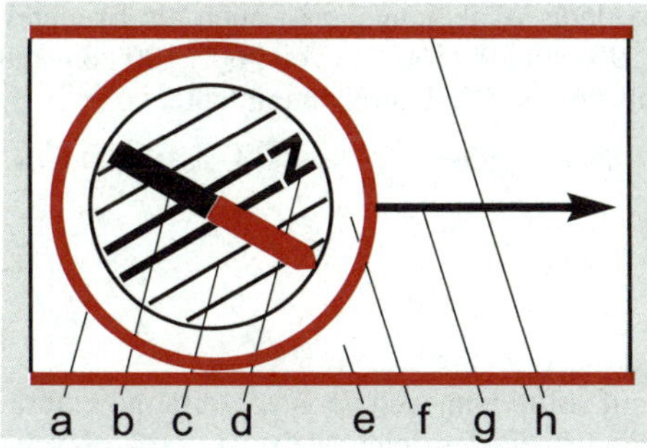

***2-01** Teile des Kompasses*
*a) **Dose** mit*
b) Magnetnadel
c) Dosengitter
d) Nordmarke
*e) **Lineal** mit*
f) Gradskala
g) Kurspfeil
h) Anlegekanten

Einstell- und Ablesemarke ist beim Linealkompass das Hinterende des Kurspfeils.

Westen. Wenn Sie sich auch die Gradzahlen für die Neben-Himmelsrichtungen einprägen, sind Sie besser gegen Ablese- und Einstellfehler gewappnet: 45° = NE (E für Ost) 135° = SE, 225° = SW, 315° = NW. Diese (babylonische) Teilung fügt sich aber mit ihrer Unterteilung des Grades in 60 Minuten und der Minute in 60 Sekunden (wie bei der Uhr) nicht in das Dezimalsystem ein und erfordert Nebenrechnungen im Sechzigersystem. **Am Taschenrechner ist bei MODE für Grad »DEG« zu wählen.**

Gon. Im Vermessungswesen hat der Vollkreis 400 Teile, die man als Gon, in älteren Schriften als Neugrad bezeichnet. Einige Länder geben die Missweisung in Gon an. Die Haupthimmelsrichtungen sind volle Hunderter: 0/400 gon ist Norden, 100 Osten, 200 Süden und 300 gon Westen, und alle Neben-Himmelsrichtungen enden auf 50. So lassen sich Zahlen leichter in Richtungen übersetzen. Für die Gegenrichtung erhöht oder vermindert man die Gonzahl um 200. Das Gon wird unterteilt in 100 cgon. **Der Rechner arbeitet mit Gon, wenn »GRAD« eingestellt wird.**

Strich. Die Kreisteilung in 6000 oder mehr Teile geht zurück auf das Bedürfnis des Militärs, besonders der Artillerie, nach einem handlichen Maß für seitliche Abstände. Wenn man den Vollkreis in 6280 Teile teilt, entspricht in 1000 Metern Entfernung ein Teilstrich einem seitlichen Abstand von 1 m. Diese Zahl 6280 wird für den Gebrauch unterschiedlich »gerundet«, bei der NATO und in der Schweiz auf 6400^{-} (Strich, mils, Artillerie-Promille, A‰), in Schweden auf 6300^{-}, in Finnland auf 6000^{v}.

Die finnische Kreisteilung in 6000^{v} ist aus dieser Sicht zwar am wenigsten genau, uns aber am besten vertraut. Denn auf der Kompassskala bleiben die letzten zwei Stellen weg. Dann hat der Vollkreis 60 Teile, und die finnische Einteilung entspricht dann dem Zifferblatt der Uhr: 15 ist Osten, 30 Süden, 45 Westen.

Kreisteilungen umrechnen. Jede Winkelangabe ist auch als Bruchteil des Vollkreises zu verstehen: 90° sind 90/360 = ¼ von 360°, 100 gon sind 100/400, ebenfalls ¼ des Vollkreises. Die Umrechnung lautet

Gefragter Winkel = gegebener Winkel : gegebener Vollkreis x gesuchter Vollkreis

Beispiel Wie viel Grad sind 157^v ?
157 : 6000 x 360 = **9,4 Grad°**

2.1.3 Anzeigefehler

Sofort nach dem Kompasskauf sollte man sich vergewissern und einprägen, *welches Ende der Nadel* nach Norden zeigt. Meist ist es rot, oft trägt es eine Leuchtmarkierung. Ein starkes Magnetfeld könnte die Nadel umpolen. Eine kleine Luftblase in der Dose stört die Anzeige nicht. Sie kann sich bei niedriger Temperatur oder niedrigem Luftdruck bilden und verschwindet meist von selbst, wenn sich die Bedingungen ändern. Eine größere Luftblase jedoch, die sich dauerhaft gebildet hat, verhindert eine genaue Anzeige. Verkanten, Einstell- und Ablesefehler sind durch sorgfältige Handhabung vermeidbar, nicht aber die Kräfte, die von außen einwirken: Missweisung (Teil 6), Ablenkung, Kippneigung, Schleppfehler.

Ablenkung (Deviation)

Um zu prüfen, ob ein Gegenstand die Nadel ablenkt, führt man ihn an einem Ende der Nadel vorbei und beobachtet, ob und aus welchem Abstand sich die Nadel dabei bewegt. Jeder erkennbare Ausschlag bedeutet einen Anzeigefehler. **Die Ablenkung ändert sich mit dem Kurswinkel, die Missweisung (Teil 6) dagegen bleibt in jeder Richtung gleich groß.**

Störend wirken sich u. a. aus

- der Kugelschreiber, wenn er in derselben Hand wie der Kompass gehalten wird,
- alle batteriebetriebenen Geräte
- Messer, Äxte, Waffen (5 m),
- eiserne Fels- und Karabinerhaken, Eispickel, Steigeisen,
- Fahrzeuge (50 m),
- Eisenbetonbauten und Gittermasten (200 m),
- elektrische Anlagen und Gleichstrombahnen (500 m),
- magnetisch wirksames Gestein (Eisenerz, Basalt),
- magnetische Stürme (Polarlichter, 98).

In Klammern stehen die – hoch angesetzten – Mindestabstände, die nach den Dienstvorschriften der Deutschen Bundeswehr einzuhalten sind.

Ablenkende Gegenstände stören die Anzeige auch dort, wo man sie nicht sieht, z. B. die Kamera unter dem Regenumhang oder unter der Spritzdecke des Faltboots.

Von einem Stahlbetonturm aus gemessene Richtungswinkel sind immer unbrauchbar (aber ***GPS***-Standort und ***GOTO***-Winkel werden nicht beeinträchtigt). Dass man Magnetkompasse auf eisernen Schiffen verwenden kann, wird durch eine aufwendige Kompensation der Ablenkung ermöglicht. Dazu braucht man für jedes Schiff oder größeres Boot auch noch eine Deviationstabelle.

Kippneigung (Inklination)

Wenn die Nadel mit einem Ende den Boden der Dose berührt, kann sie nicht mehr frei schwingen. Darum ist der Kompass immer waagerecht zu halten. Aber in Australien/Neuseeland, Feuerland oder Südafrika kann die Nadel eines in Europa gekauften Kompasses auch dann den Boden der Dose streifen, wenn man ihn waagerecht hält. Vor einer Reise über den Äquator wäre zu klären, ob der Kompass auch dort noch brauchbar ist (2-02).

Auf der Nordhalbkugel wird nämlich das Nordende, auf der Südhalbkugel das Südende der Nadel nach unten gezogen. An den magnetischen Polen steht eine frei bewegliche Magnetnadel senkrecht.

Die Hersteller gleichen die Inklination für die Zone aus, in der das Gerät verkauft oder gebraucht werden soll. Bei einem für unsere Breiten vorgesehenen Kompass ist also gerade das Südende der Nadel schwerer, das auf der Südhalbkugel ohnehin erdwärts neigt. Wer dort den Spiegelkompass schräg hält, damit die Nadel beweglich bleibt, erhält eine falsche Anzeige.

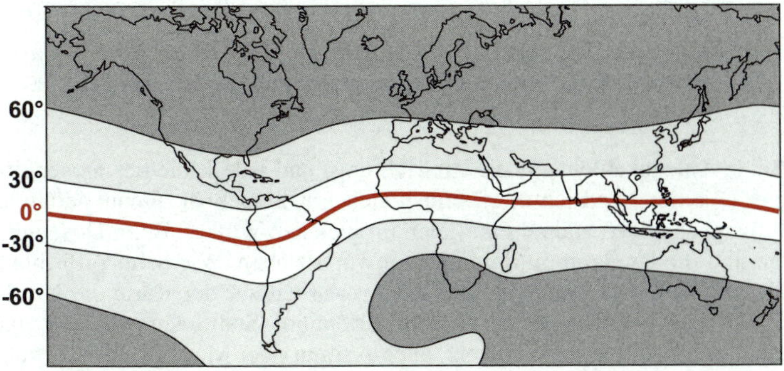

2-02 *Inklinationszonen, Stand 2015*

Schleppfehler

Bei Magnetkompassen in Fahrzeugen, schnellen Booten und Flugzeugen wirkt sich außer der Längs- und Querneigung und der Beschleunigung auch noch der Schleppfehler aus: Die Kompassnadel (und auch die GPS-Anzeige!) folgt beim Kurvenfahren oder -fliegen verzögert, sodass ein Vollkreis vollendet sein kann, bevor der Kompass wieder die Ausgangsrichtung anzeigt (Ausfahrt aus einem Kreisverkehr!).

Reibungselektrizität

Wenn ein Ende der Nadel am Boden der Dose »klebt«, wird sie durch elektrostatische Aufladung festgehalten. Die Störung entsteht, wenn der Kompass z. B. an trockenem Stoff reibt. Oft verschwindet sie von selbst durch die Feuchtigkeit der Hand. Feuchtes Abwischen beseitigt sie augenblicklich.

2.1.4 Der Kompass als Winkelmesser

- Der Kompass ist ein verstellbarer Winkelmesser. Jeder Winkel hat zwei Schenkel; für die Orientierung sind es Zielrichtung und Nordrichtung.
- Für die **Zielrichtung** stehen die (seitlichen) *Anlegekanten* mit Kurspfeil/Spiegel zum Ziel.
- Für die **Nordrichtung** steht auf der Karte die Nordmarke der *Dose*, im Gelände (und nur dort!) das Nordende der *Magnetnadel*.
- Gezählt wird im Uhrzeigersinn von der Nordrichtung zur Zielrichtung, abgelesen an der Einstellmarke.
- Man überträgt einen Kartenwinkel ins Gelände (**Kursbestimmung**, Teil 3) oder einen Geländewinkel auf die Karte (**Standortbestimmung**, Teil 4).
- Für den Kartenwinkel richtet man das Dosengitter nach den Nordlinien der Karte aus, für den Geländewinkel nach der Magnetnadel.

Beide Anlegekanten (für die Zielrichtung) und jede Linie des Dosengitters (für die Nordrichtung) sind gleich gut brauchbar. Denn parallele Linien schneiden andere Parallelen im gleichen Winkel. Beim Dosengitter sind die längeren mittleren Linien vorzuziehen. Wie beim Zifferblatt die 12 oben steht, muss bei der Kompassarbeit auf der Karte die Nordmarke nach oben zeigen, also nach Kartennord. Statt »Kurswinkel« sagt man, besonders in der Schweiz, auch Azimut oder Marschzahl. Wir verwenden durchgehend »Kurswinkel« und »Zielrichtung«.

2-03 Zielrichtung und Nordrichtung
*a) **Ziel**richtung = Kurspfeil und Anlegekanten des Lineals*
*b) **Nord**richtung = Nordmarke und Dosengitter*

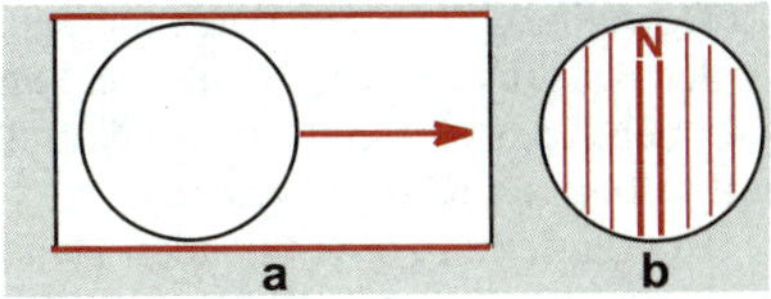

2.1.5 Kauf

Vor dem Kompasskauf sollten Sie wissen, was man von einem modernen Kompass verlangen kann und was Sie für sich selbst als notwendig oder wünschenswert erachten.

Denn zuverlässig beraten werden Sie selten. Viele Sportgeschäfte fühlen sich nicht zuständig; Optiker sind auf diesem Gebiet nicht sachkundig, und im Internet wird neben den hier empfohlenen Kompassen weiterhin angeboten, »was verlangt wird«, überwiegend Geräte, die sogar der Hersteller nur als »Werbegeschenk«, »Imponierspielzeug« oder »nostalgischer Kompass« einstuft. Kompasse ohne Anlegekante oder mit undurchsichtiger Dose, ohne Dosengitter oder mit gepfeilter Nadel zeigen zwar auch, »wo Norden ist«. Doch in Notlagen wird der Kompass zum Rettungsmittel – und bei Schwimmweste und Fallschirm würde man sich auch nicht mit einer Billigausführung »für Anfänger« begnügen.

Prospektbezeichnungen wie »Globetrotterkompass«, »Jugendkompass«, »Kartenkompass«, »Orientierungskompass«, »Outdoorkompass«, »Scoutkompass«, »Taschenkompass«, »Touringkompass«, »Trekkingkompass« sind nichtssagende Werbeprosa. »Militärkompasse« sind vielfach billige Nachbauten von überholten Modellen. Auch ein hoher Preis bürgt noch nicht für einen guten Kauf. Denn **Peilkompasse** (8.2.4), die teuerste Art, **taugen nicht für die Kartenarbeit**. Kartenwinkel lassen sich damit nicht messen, Geländewinkel zwar genauer ablesen, aber vielfach weder einstellen noch festhalten; sie können also nur mit zusätzlichen Hilfsmitteln (und am Tisch) in die Karte übertragen werden. Dasselbe gilt für Fernglaskompass und elektronischen Kompass.

Kombi-Geräte, z. B. Uhr + Kompass + Höhenmesser mögen »handlich« erscheinen, aber bei Beschädigung oder Verlust verliert man mehrere Orientierungshilfen auf einmal.

Führende Hersteller sind ***Silva AB*** (Schweden) und ***Suunto OY*** (Finnland). Ihre Preise liegen etwas höher, aber ein gutere Spiegelkompass ist eine Anschaffung fürs Leben. Beim Inklinationsausgleich der »Global«-Modelle, z. B. Suunto MC2, sind Magnet und Nadel getrennt; sie sind darum auch auf der Südhalbkugel einsetzbar – außer in Polnähe, wo alle Magnetkompasse versagen.

Gewicht, Größe und Form müssen erlauben, dass man den Kompass in der Brusttasche trägt. Nur dann kann man ihn jederzeit zurate ziehen. Wer den Kompass »nur für den Notfall im Rucksack« hat, wird den Notfall früher und häufiger erleben.

Bei den ernst zu nehmenden Handkompassen sind zu unterscheiden **Lineal**kompass, **Spiegel**kompass und **Peil**kompass.

Eignung	Nahorientierung, Wandern auf Wegen, Orientierungslauf	Nah-und Fernorientierung, im Gebirge und auf dem Wasser, einfache Kartierung, ***am vielseitigsten***	Feinorientierung, genaue Standortbestimmungen, Kartierung, Wasserwandern
Vorzug	preisgünstig sofort ablesbar,	Nadel liegt beim Peilen im Blickfeld	Einhandbedienung, Gehen nach Wegtabelle,
Nachteil	zu ungenau für größere Entfernungen	zum Ausrichten des Spiegels sind beide Hände nötig	Winkel können nicht eingestellt/festgehalten werden

2-04 *Linealkompass, Spiegelkompass, Peilkompass*

Dose. Voraussetzung für flottes und genaues Arbeiten ist eine stabförmige (nicht gepfeilte), flüssigkeitsgedämpfte **Magnetnadel**. Eine Merkhilfe bedeutet es, wenn die Nordhälfte der Nadel rot ist und einen Leuchtpunkt trägt. Wenn die Nadel durch entsprechende Bauweise eine große Neigungsfreiheit hat, taugt der Kompass auch für andere Inklinationszonen (»global« 2-02). Ein Kompass mit **Inklinationsausgleich** (»global« 37) ist auch auf der Südhalbkugel, einsetzbar.

Moderne Orientierungsverfahren verlangen ein **Dosengitter**, also Nordlinien am durchsichtigen Dosenboden. Der Abstand der mittleren Nordlinien sollte nur wenig größer sein als die Nadelbreite. Eine große Dose ist vorzuziehen, denn die Nadel kann länger sein, und längere Nordlinien lassen sich genauer ausrichten, die Gradzahl besser ablesen und einstellen. Ein griffiger Dosenrand erleichtert das Einstellen auch mit Handschuhen.

Wertvoll ist eine **verstellbare Nordmarke** (6.4.2), am besten mit der Stellschraube auf der Oberseite. Sobald die Missweisung für ein bestimmtes Kartenblatt eingestellt ist, wird sie zwangsläufig berücksichtigt. Eine beleuchtete Anzeige (Batterie oder Tritium) erleichtert das Peilen bei Nacht (Leuchtfeuer, Polarstern).

Bei der **Kreisteilung** sind für Wanderkompasse Grad üblich, bei der Kartierung bringt die Gon-Einteilung kleine Vorteile. Jede *doppelte*

Skala, etwa für Grad und Strich, verkürzt die Linien des Dosengitters, verringert also die Genauigkeit der Anzeige. Wenn die Missweisungsangaben der Karte nicht der Kreisteilung am eigenen Kompass entsprechen, rechnet man sie nach 2.1.2 um.

Ein Neigungsmesser in der Dose zeigt nur grob an; zum Wandern braucht man ihn nicht. Ableselupe oder -prisma erhöhen Preis und Gewicht, sind aber entbehrlich für die Aufgaben, die man mit einem Handkompass löst.

Lineal. Zusammen mit dem Lineal (seitliche Anlegekanten) wird der Kompass zum verstellbaren Winkelmesser (2.1.4) und ermöglicht erst die vielfältigen Anwendungen, die dieses Buch zeigt.

Eine lange Anlegekante überbrückt auf der Karte größere Abstände ohne zusätzliches Hilfsmittel. Längs einer Anlegekante ist eine Millimeterskala erwünscht. Bei Spiegelkompassen verlängert der voll aufgeklappte Spiegel die Anlegekante.

Planzeiger (114) helfen, Punkte auf der Karte zu finden, eindeutig zu beschreiben und einzuschreiben. Das geht aber auch mit der Millimeterskala am Kompass.

Ein **Markierungsloch** von 6 bis 8 mm Durchmesser mit Zentrierkreuz (2-09c) erlaubt es, Punkte auf der Karte genau und sauber zu bezeichnen, ohne dass die Umgebung unleserlich wird (2-09c). Flache Füße aus Weichplastik verhindern, dass der Kompass auf der Karte verrutscht.

Zum Zählen von Höhenlinien und bei schlechtem Licht ist eine **Lupe** hilfreich. Im Notfall dient sie als Brennglas zum Feuermachen. Eine Libelle ist entbehrlich.

Spiegel. Mit einem Spiegel im Deckel kann man beim Peilen auch die Stellung der Magnetnadel beobachten. Zum genauen Peilen trägt der obere Deckelrand eine Kimme und der Spiegel einen senkrechten Mittelstrich (3-04b). Diese Linie verringert auch die Gefahr, dass man den Kompass verkantet und dadurch falsche Werte erhält. Aus demselben Grund ist am Unterrand des Deckels/Spiegels ein Peilloch mit Zielvorrichtung (6-11) vorteilhaft. Ein senkrechter Schlitz im Spiegel ist überflüssig und kann blenden.

Ist der Spiegel stufenlos schwenkbar, hat man die Nadel auch dann noch im Blick, wenn man bergauf oder bergab visiert. Auch dabei muss der Kompass waagerecht gehalten werden. Der Deckel verlängert die Anlegekante nur dann, wenn er genauso breit ist wie das Lineal und sich bei aufgelegtem Kompass bis in die Kartenebene zurückklappen lässt.

Sonderkompasse. Für die Groborientierung genügt ein **Armbandkompass**. Über dem Anorakärmel getragen, ist er die beste Lösung für lange Skiabfahrten in unübersichtlichem Gelände.

Auf Wasserwanderungen, beim Gehen nach einer Wegtabelle (Richtung/Entfernung in Listenform) und beim Kartieren bringt ein **Peilkompass** Vorteile, aber für die Kartenarbeit taugt er weniger als ein Linealkompass. Das gilt auch für *elektronische* Kompasse. Sie zeigen (nach Hersteller-Angaben auf ± 5° genau) die Richtung an, in der sie gehalten werden, aber weder lässt sich der angezeigte Geländewinkel unmittelbar in die Karte übertragen, noch kann man damit einen Kartenwinkel messen.

Ein **Autokompass** dient zur Groborientierung im Fahrzeug, z. B. bei Umleitungen, an Ortsausfahrten und innerhalb großer Städte. Die Hersteller versprechen selbst für einen kompensierten Autokompass keine größere Genauigkeit als ±15° (d. h. seitliche Abweichung = rund 1/4 der Fahrstrecke). Das genügt noch, um in einem Kreisverkehr die richtige Ausfahrt zu finden (Schleppfehler, 36), aber nicht für Wüstenfahrten.

Bootskompasse sind wie Autokompasse entweder kardanisch aufgehängt, oder sie schwimmen frei in einer durchsichtigen Kugel. Bei jedem eingebauten Kompass geht die Kielrichtung des Bootes und ggf. die Ablenkung durch das Boot in die Rechnung ein. Das macht die Kompassarbeit auf kleinen Booten aufwendiger, aber kaum genauer als mit dem Handkompass.

Bei Boots- und Autokompassen, die in Fahrtrichtung abgelesen werden, sind die Himmelsrichtungen scheinbar verkehrt eingetragen, wenn man von oben darauf schaut.

Taucherkompasse sind für hohen Wasserdruck und schlechte Lichtverhältnisse ausgelegt und teilweise mit einem Tiefenmesser verbunden.

Beim **Blindenkompass** dreht sich die magnetische Scheibe, während der Deckel geschlossen ist, und bleibt stehen, wenn man den Deckel hebt. Dann kann man die Richtung in Blindenschrift ablesen.

2.2 GPS

2.2.1 System

GPS steht für »**G**lobal **P**ositioning **S**ystem«, also *Weltweite Standortbestimmung*. Navigationssatelliten in Erdumlaufbahnen senden ihre Bahndaten und die genaue Uhrzeit. Aus den Positionen der Satelliten und den Laufzeiten der Signale berechnet ein GPS-Empfänger laufend seinen **Standort** und zeigt ihn auf einer Speicherkarte und/oder in Koordinaten an.

Vor ***Harrisons Präzisionsuhren*** (104, ab etwa 1760) konnte man – nach dem Höhenwinkel eines Gestirns – die geographische Breite eines Ortes bestimmen, *doch die Länge überhaupt nicht.*

Der ***Sextant*** gehört noch heute zur nautischen Grundausrüstung. Für die Sonnenhöhe ist er beschränkt auf die Mittagszeit und das Zeitfenster der Nautischen Dämmerung, für Horizontalwinkel (92) braucht er Landsicht.

Die Funkverfahren ***Decca*** und ***Loran C*** stütz(t)en sich auf Stationen an Land.

Nur ***Radar*** sendet selbst Impulse aus, stellt aus reflektierten Signalen ein Bildschirmabbild der näheren Umgebung her und zeigt so *in Küstennähe* den Schiffsort genau an; auf hoher See hilft es in erster Linie Zusammenstöße vermeiden. Der Geräteaufwand (Sender/Empfänger, Antenne, Bildschirm) und der Stromverbrauch beschränken den Einsatz auf die Schifffahrt.

Und jetzt empfängt also ein nur handgroßes ***GPS-Handgerät***, bestückt mit handelsüblichen AA-Stabbatterien, die Signale von Satelliten in über 20 000 km Höhe und berechnet daraus laufend auf wenige Meter genau seinen Standort – für jede Stelle des Festlands, auf See und in der Luft; zu jeder Tages- und Nachtzeit; im Stand und in der Bewegung; ungestört von Erdmagnetismus, Ablenkung, Sichtbehinderung und Wetter.

Einschränkungen, Fehlerquellen. Funkwellen der verwendeten Frequenz pflanzen sich geradlinig fort und werden daher – genau wie Licht – durch Hindernisse abgeschattet. In engen Schluchten und Fjorden und zwischen hohen Gebäuden stehen daher allein die steil stehenden Satelliten zur Verfügung. Wenn reflektierte Satellitensignale (Felswand!) vom Gerät falsch gedeutet werden, entsteht ein Lagefehler. Bei nur drei empfangenen Satelliten bleibt die Standort-Höhe unberücksichtigt. Die Satellitengeometrie (Höhen- und Schnittwinkel) ändert sich aber schnell, da jeder Satellit auf seiner Bahn in zwei Minuten um 1° weiterwandert.

Weitere mögliche Fehler liegen teils im System (im Meterbereich), teils bei den Karten. ***Systemfehler*** setzen sich zusammen aus Bahn- und Satellitenuhr-Fehlern, Signalausbreitungsfehlern (= Laufzeitverzögerungen in der Ionosphäre und der Troposphäre) und Empfängerfehlern durch Rauschen und Temperatureffekte.

Mögliche Fehler ***außerhalb des Systems*** sind:

- Netz und/oder Gitter älterer Karten sind nicht auf WGS 84 bezogen. Aber manche Karten bieten Umrechnungshilfen.
- Karten von wenig erschlossenen Gebieten sind weniger genau als die GPS-Anzeige. Als Faustregel für die Lagegenauigkeit topographischer Karten gilt allgemein »Maßstabszahl : 2000 [m]«.

Doch auch Einstellungs-, Ablese- und Übertragungsfehler, Schlag und Stoß, Feuchtigkeit, Hitze und Kälte setzen der GPS-Orientierung Grenzen. Außerdem könnten die USA die GPS-Anzeige für zivile Nutzer verschlechtern oder Satelliten ganz abschalten. Das ist zwar wenig wahrscheinlich, weil der gesamte Schiffs- und Luftverkehr mit GPS arbeitet, aber erst das Satellitensystem »Galileo« wird uns vom US-Militär unabhängig machen.

GPS-Handgeräte sind reine Empfänger und lassen sich nicht wie ein Lawinen-Verschütteten-Suchgerät (LVS-Gerät, 98) von Rettungsmannschaften orten.

Grundfunktionen. ***Die Bedienungshinweise und Einsatzmöglichkeiten für Ihr eigenes Gerät entnehmen Sie bitte Ihrem Handbuch. Für die Orientierung arbeiten wir in diesem Buch nur mit den Grundfunktionen,*** denn es will Sicherheit und Unabhängigkeit vermitteln, also den Leser auf eigene Füße stellen, nicht in neue Abhängigkeit führen. In der Regel wird man, sobald man den Standort kennt, mit Karte und Kompass weiter arbeiten, – schon um Strom zu sparen.

Die für die Orientierung wesentlichen Anzeigen sind mit Einzelmessungen verfügbar:
- **Standort, Höhe/Luftdruck**
- **Wegpunkte speichern**
- **GOTO:** (= Richtung und Entfernung zu einem gespeicherten Wegpunkt)
- **Datum und Uhrzeit**

In der Bewegung, also im (kurzzeitigen) Dauerbetrieb, kommen hinzu:
- **Kurs und Geschwindigkeit**
- **grafischer Zielfinder**

Einstellungen

Die Einstellungen müssen der gegebenen Lage entsprechen:

Maßeinheiten (UNITS). Infrage kommen für top. Karten Kilometer (METRIC), für ältere Karten aus dem englischsprachigen Bereich Meilen (STATUTE, 1,609 km), für Seekarten Nautische Meilen (NAUTICAL, 1,852 km), für die Höhenangaben Meter oder Fuß.

Karten-Bezugssystem (MAP DATUM = verwendetes Erdellipsoid).

Der geometrische Körper **Ellipsoid** ist der wahren Form der (an den Polen abgeplatteten) Erde besser angenähert als die Kugel. Wenn man die Meeresoberfläche mit Hilfe von Schwerkraftmessungen unter den Kontinenten fortsetzt, ergibt sich die (weniger regelmäßige) physikalische Form der Erde, das **Geoid**.

Die bestmögliche Angleichung des Erdellipsoids an das Geoid ist das »Weltweite Geodätische System 1984« (**WGS 84**). Es liegt auch den

	Wahl	Empfehlung
Längen-einheiten (Units)	Kilometer (METRIC), Meilen (STATUTE), Seemeilen (NAUTICAL)	Kilometer für top. Karten Seemeilen für Seekarten
Karten-bezugssystem (Map Datum)	gespeicherte Bezugssysteme, **neuer Standard WGS 84**	nach den Angaben der Karte
Anzeigeart (Position Format)	geographische Koordinaten, UTM-Gitter, gespeicherte nationale oder regionale Gitter	Gitter der top. Karte oder Grad/Minuten/Dezimal-minuten (hddd°mm.mmm')
Mißweisung (Heading)	Geographisch-Nord (TRUE), Gitter-Nord (GRID), automatisch (AUTO), eingegeben (USER)	**TRUE Missweisung selbst ermitteln und ausgleichen**
Zeitzone (Time Offset)	Zeitzonen	+1 für MEZ , + 2 für MESZ

2-05 *GPS-Grundeinstellungen*

GPS-Höhen zugrunde, weicht allerdings zwischen –107 und + 85,4 Meter vom Geoid (= Normalnull) ab (49).

Wenn man ein anderes Bezugssystem wählt (2-06), werden Standort und alle gespeicherten Wegpunkte vom GPS-Empfänger in diesem System angezeigt.

Die Unterschiede zwischen WGS 84 und **ETRS 89** (European Terrestrial Reference System) wirken sich für die Orientierung und Kartierung nicht aus. Die Abweichung beträgt 1 bis 2 Meter und verändert sich jährlich nur um Millimeter, weil sich die Kontinentalschollen gegeneinander verschieben (Plattentektonik).

Anzeigeart (POSITION FORMAT) ist beim **Gradnetz** Länge und Breite in Grad, Minuten und Zehntelminuten (= hddd°mm.mmm'), beim **Gitter** Rechtswert und Hochwert in Metern, mit der Wahl zwischen UTM (weltweit gültig) oder einem der gespeicherten nationalen oder regionalen Gitter oder USER GRID (= selbst eingegebene Abweichung).

Missweisung (HEADING, Teil 6). Wählbar sind Geographisch-Nord (TRUE), Gitter-Nord (GRID), automatischer Missweisungsausgleich (AUTO MAG) und eingegebene Missweisung (USER GRID). Da eine gespeicherte Missweisung nur für ein bestimmtes Jahr zutrifft, wählt man am besten GeN (TRUE) und gleicht die Missweisung selbst aus (6.3, 6.4).

Zeit (TIME OFFSET) = Abweichung von UTC, z. B. +1 für Mitteleuropäische Zeit, +2 für Mitteleuropäische Sommerzeit (2.5).

	Karten-Bezugssystem	**Anzeigeart**
Deutschland, alte Normalausgabe	Potsdam	German Grid
Deutschland, alte mil. Ausgabe	ED 50	UTM
Finnland	Potsdam	Finland Hayford
Frankreich	ED 50	UTM
Großbritannien	Ord Srvy	British Grid
Italien*)	ED 50	UTM
Österreich	Austria	German Grid
Schweden	RT 90	Swedish Grid
Schweiz	CH 1903	Swiss Grid

*) *nur die Karten 1:50 000 und ihre Unterteilung in 1:25 000*

2-06 *Bezugssystem und Anzeigeart bei älteren Karten*

2.2.2 Standort-Anzeige

Die Standort-Anzeige ist die eigentliche Leistung von GPS. Alle weiteren Funktionen sind davon abgeleitet.

Der ***Empfang*** wird durch Plastik (und auch durch Glas) nicht merkbar verschlechtert. Also kann man seinen GPS-Empfänger bei Regen in einen durchsichtigen Folienbeutel stecken und für den Gebrauch im Boot sogar einschweißen. Nach mehrmonatiger Unterbrechung oder größerer Ortsveränderung dauert der erste Suchlauf etwas länger, da die Satelliten-Daten neu eingelesen werden müssen.

Die genaueste ***Anzeige*** erhält man in offenem Gelände bei klarem Himmel und freiem Horizont, wenn vier nutzbare Satelliten günstig verteilt sind (z. B. nicht in einer Linie stehen) und wenn die Höhe richtig eingestellt ist. Der Standort verbessert sich noch, wenn man mit dem Ablesen einen Augenblick wartet und die Anzeige mitteln lässt. In offenem Gelände sind (angezeigte) ± 1 m erreichbar, das ist besser als die geringste Strichstärke auf top. Karten; aber unter ungünstigen Bedingungen (nasses dichtes Blätterdach, starkes Schneetreiben) werden es schnell ± 10 m. In einem Tunnel bleibt die Anzeige stehen.

Wie man angezeigte Standort-Koordinaten deutet und in die Karte überträgt, zeigt 5.3.2 für das Gradnetz, 5.4.2 für das Gitter. Den Standort zeichnet man mit einem kleinen Kreis ein, damit die Karte auch an dieser Stelle lesbar bleibt, und ***arbeitet anschließend mit dem Kompass weiter***.

2.2.3 Weitere GPS-Anwendungen

GPS ermöglicht oder erleichtert die Lösung weiterer Aufgaben:

- Rückweg ohne Karte zum gespeicherten Ausgangspunkt,
- Hindernisse umgehen,
- Missweisung ermitteln/überprüfen,
- Höhenmesser nachstellen,
- Maßstab, Entfernung, Richtung aus Koordinaten bestimmen,
- Koordinaten umwandeln,
- Wahre Ortszeit (WOZ) ermitteln,
- Gitter in die Karte einzeichnen,
- offenen Streckenzug schließen,
- Rettungshubschrauber rufen,
- Sonnenstand berechnen,
- Tacho eichen,
- Fahrt über Grund im Boot, Schiff oder Flugzeug,
- Kartieren, auch ohne Kartengrundlage.

2.2.4 GPS und Kompass

GPS ergänzt den Kompass, aber ersetzt ihn nicht.
Der ***Kompass*** bleibt unverzichtbar für wegloses Gelände und offenes Wasser, hilft aber nicht überall und jederzeit den Standort zu ermitteln. ***GPS*** zeigt auf Tastendruck den Standort, – aber man kann damit keine entfernten Punkte bestimmen, den Kurswinkel nur umständlich ermitteln und ihn nur im (zeitlich begrenzten) Dauerbetrieb auch einhalten.

Für den Fuß-, Ski- und Wasserwanderer ist GPS vorrangig Hilfe im Notfall, vergleichbar mit Schwimmweste oder Fallschirm. Grundausstattung zum Orientieren bleiben unverändert Karte und Kompass – beide unabhängig von einer Energiequelle und darum zeitlich unbegrenzt verfügbar.

Wer sich allein auf GPS stützt, wird unmündig statt unabhängig – und gefährdet sich. Aber wer für andere verantwortlich ist, vernachlässigt seine Sorgfaltspflicht, wenn er in wenig erschlossenen Gegenden kein GPS-Gerät mitführt oder nicht sicher damit umgehen kann.

In der *Naval Academy* der USA wurde zwei Jahrzehnte lang überhaupt keine Himmelsnavigation (mit Sextant) mehr gelehrt – jetzt führt man das Fach wieder ein, um auf See nicht völlig von GPS abhängig zu sein.

Zu einer verlässlichen, abgerundeten Orientierungsausrüstung gehören:

- gedruckte topographische Karte mit UTM-Gitter,
- Spiegelkompass mit verstellbarer Missweisung und Inklinationsausgleich,
- einfaches GPS-Handgerät,
- barometrischer Höhenmesser,
- Quarz-Zeigeruhr,
- Solar-Taschenrechner,
- Rechenhilfen und Deklinationstabelle (2.4.1, 9.1, 9.2),
- Anleitungen für GPS und Taschenrechner,
- Transparentpapier, Kästchenpapier,
- Bleistift und Radiergummi,
- Signalpfeife.

Smartphones mit integriertem GPS-Chip auf Touren ersetzen kein GPS-Gerät. Sie sind bauartbedingt empfindlicher und lassen sich nicht mit den handelsüblichen AA-Batterien betreiben.

	Kompass	GPS
Leistung	**Richtung** Kurswinkel Missweisung entfernte Punkte / Standort zeichnen: Lineal/Anlegekante Winkelmesser Planzeiger, Lupe, Spiegel **zeitlich unbeschränkt**	**Standort** Wegpunkt, Route, Rückweg Richtung/Entfernung Geschwindigkeit graphischer Zielfinder Höhe, Luftdruck Datum, Uhrzeit **batterieabhängig**
Ergänzung	top. Karte mit UTM-Gitter Höhenmesser Taschenmesser	top. Karte mit UTM-Gitter Speicherkarte Taschenrechner
Einschränkung	**magnetische Ablenkung** fehlende Fernsicht keine Peilziele	**Stromversorgung,** **GPS-Systemausfall** Abschattung, Schlag/Stoß, Feuchtigkeit, Hitze/Kälte

2-07 *Kompass und GPS im Vergleich*

2.2.5 Kauf

Einfache GPS-Empfänger sind voll orientierungstauglich. Wer die Orientierungsverfahren beherrscht, braucht nur die Grundfunktionen. Sie sollten unmittelbar zugänglich sein, also ohne Umwege über Untermenüs.

Teure GPS-Empfänger zeigen nicht genauer an. Im Gelände ist ein einfaches Gerät, mit dem Sie sicher umgehen, mehr wert als eins, das durch entbehrliche Funktionen verwirrt. Die Sicherheit steigert man mit einem einfachen Zweitgerät.

Ein PC-Anschluss vereinfacht die Eingabe von Koordinaten und die Vor- und Nachbereitung von Touren,

Anzeige und Handbuch sollten eindeutig angeben:
- Heißt »Nord« (bei Gradzahl und Zeiger) GeN, MaN oder GiN?
- Für welches Jahr gelten gespeicherte Angaben zur Missweisung?
- Gilt die Höhenangabe für Geoid oder Ellipsoid?
- Handelt es sich bei den Zeitangaben zum Sonnenstand um die Zonenzeit oder die Mittlere oder Wahre Ortszeit?

Der kleine Ausschnitt einer gespeicherten Karte ersetzt nicht annähernd die gedruckte Karte (Übersicht, Richtungswinkel und Entfernungen messen, Gitter/Gradnetz, Randangaben). Papierkarten kosten nur einen Bruchteil von digitalen Karten, zeigen mehr Einzelheiten und bleiben auch beim Ausfall des GPS-Empfängers (leerer Akku) verfügbar.

Nur bei einem in Europa gekauften Gerät ist zu erwarten, dass (für ältere Karten) auch noch einige europäische nationale Gitter (2-06) wählbar sind.

Die GPS-Anzeige ist vielfach genauer als die Karte. Daher bringt die Tauglichkeit für EGNOS (Europa), WAAS (Amerika) und MSAS (Japan) keinen messbaren Gewinn für die Orientierung.

Fragen Sie den Händler, welche Geräte von welchen Herstellern er als Garantiefälle wiedersieht.

Die Hersteller bieten in Abständen neue Versionen der Gerätesoftware an (Firmware-Update) mit Fehlerkorrekturen, zusätzlichen Funktionen und Karten-Aktualisierungen.

2.3 Höhenmesser

In den Bergen erweitert der Höhenmesser die Orientierungs-Möglichkeiten, denn mehrere Verfahren zur Standortbestimmung verlangen die genaue Höhe. Der Wanderer kann die Standorthöhe auf drei Arten bestimmen,

- nach den **Höhenlinien** und -angaben der Karte (1.1.2),
- nach **Satellitendaten** (GPS, 2.3.3),
- nach dem **Luftdruck** (barometrisch), (9.2.1).

2.3.1 Barometrische Höhenmessung

Barometrische Höhenangaben sind auf Normalnull (NN) bezogen, für deutsche top. Karten auf den Pegel von Amsterdam.

Dosen-Höhenmesser für Wanderer werden kaum mehr hergestellt. Sie brauchen keine Batterien, sind aber stoßempfindlich. Zum Ablesen hält man sie waagerecht und tippt ganz leicht auf das Glas. ***Elektronische*** Höhenmesser sind robuster, wesentlich billiger und. bieten zusätzliche Funktionen. Die Anzeige ist bei beiden Arten unabhängig von der Gerätetemperatur. Der Temperaturausgleich kann aber einige Minuten dauern.

Beide messen das Gewicht der Luftsäule über dem Standort. Sie ist umso kürzer (und darum leichter), je höher man steht. Auf rund 8 Höhenmeter ändert sich der Luftdruck um 1 Hektopascal (hPa). Er hängt außer von der Höhe auch noch von der Lufttemperatur und -feuchte ab, nicht aber von Wind- oder Schalldruck. Man sollte stets mit Höhenfehlern von 10 m rechnen. Unter gleichbleibenden Wetterbedingungen zeigt der Höhenmesser bei wachsender Höhe sinkenden Luftdruck an; der auf Meereshöhe umgerechnete Luftdruck (9.2.1) bleibt dabei unverändert.

Die Standortbestimmung verlangt eine möglichst gute Übereinstimmung der Anzeige mit den Höhenlinien der Karte. Um den Fehler gering zu halten, sind Höhenmesser in kurzen Abständen nachzustellen, z. B. nach zwei Stunden, 200 Höhenmetern oder 10 km Horizontalentfernung. Mit GPS ist das in den Bergen sehr einfach, denn zum Einstellen (»Kalibrieren«) eignet sich jeder Standort auf einer Höhenlinie.

2.3.2 Höhenmesser als Barometer

Bei Schönwetter (= Hochdruck) wird eine geringere, bei Schlechtwetter (= Tiefdruck) eine größere Höhe angezeigt. Der Normaldruck *auf Meereshöhe* beträgt 1013,25 hPa (Hekto-Pascal). Beim Wetter gelten 1008 bis 1023 hPa als »Veränderlich«, über 1023 hPa als Hochdruck, unter 1008 hPa als Tiefdruck. Die Wettertendenz ergibt sich durch den Vergleich

- der Höhenanzeige bei unverändertem Standort (z. B. am Morgen mit der vom Vorabend),

- des Umgebungsdrucks mit dem Normaldruck für die *Standorthöhe*,
- des Umgebungsdrucks mit dem Luftdruck auf *Meereshöhe*.

Den Formeln für den Luftdruck (9.2.2) liegt das *Standardmodell der Atmosphäre* zugrunde: Lufttemperatur 15 °C auf NN und lineare Temperaturabnahme bis 10 km Höhe. Andere Temperaturverhältnisse führen zu Abweichungen. Das tatsächliche Wettergeschehen hängt sowieso nicht allein vom örtlichen Luftdruck ab, doch ein kräftiger schneller Druckabfall (in unseren Breiten 1 bis 2 hPa/Stunde) kündigt einen drohenden Wettersturz an, mit Starkwind oder Sturm.

Der Höhenmesser als Barometer hat uns vielleicht einmal gerettet. Wir zelteten auf eine kahlen Schäre. Unser Faltboot hatten wir nur umgedreht auf die Paddel gelegt, die Zeltleinen nur mit Steinen gespannt. Der Höhenmesser zeigte -100 m an, und entsprechend sonnig und windstill war das Wetter. Aber am nächsten Morgen waren es nur noch -50 m, und die Anzeige kletterte schnell weiter. Noch während des eiligen Packens und Beladens kam Wind auf, und seine Stärke nahm stetig zu, Die Anzeige stieg auf +120 m und brachte uns die höchsten Wellen, die wir je im Boot erlebt haben. Der Sturm hätte mindestens Zelt und Boot von der Insel gefegt.

2.3.3 GPS-Höhe

GPS-Höhen werden aus Satellitendaten gewonnen und sind auf das *Erdellipsoid* WGS 84 bezogen (43). Sie sind also unabhängig von Luftdruck und Temperatur und **können gerade deshalb nicht vor einem Wettersturz warnen**. Da die Höhenangaben der top. Karte auf Normalnull (NN, Meereshöhe) bezogen sind, muss man GPS-Höhen ggf. auf Kartenhöhen umrechnen. Neuere top. Karten nennen den Korrekturwert im Kartenrand, z. B. *»Umrechnung von Höhen über dem Ellipsoid RTRS89/WGS84 in Höhen über NN: –47m«*. Das heißt: GPS-Höhen für dieses Kartenblatt sind **um 47 m höher** als die Kartenhöhen. In Deutschland reichen die Unterschiede von 36 m in Vorpommern bis über 50 m im Schwarzwald und in den Alpen.

2.4 Taschenrechner

Wo die einfachen Handgriffe versagen, kann eine Zeichnung oder Rechnung weiterhelfen, doch auch mit Stift und Papier stößt man bald an Grenzen. Darum gehört ein einfacher Solar-Taschenrechner (Preis bis € 20) zu den »gehobenen« Orientierungshilfen. Damit, mit 2.4.1, 9-01 und den Vordrucken sind alle bei der Orientierung anfallenden Aufgaben lösbar.

2.4.1 Rechenregeln

Die Funktion der einzelnen Rechnertasten wird in der Anleitung erklärt, die jedem Rechner beiliegt. Aber einige hier benötigte Rechenregeln sind nicht unbedingt Allgemeinwissen:

- Punktrechnung geht vor Strichrechnung
- + mal + = + – mal – = +
  + mal – = – – mal + = –
- > heißt »größer als«, < heißt »kleiner als«
- Δ (= Delta) steht für »Differenz, Unterschied«.
- Klammern werden von innen nach außen aufgelöst
- **5^2** (»fünf Quadrat«) = 5 × 5 = 25; **√25** (»Wurzel aus« 25) = 5
- Die Winkelsumme im Dreieck beträgt 180°
- **α** (alpha), **β** (beta) und **γ** (gamma) sind die Winkel an den Dreiecks-Ecken, A, B und C **(8-04)**.
  Für einen rechten Winkel (= 90°) kann auch ein dicker Punkt stehen.
- sin, cos, und tan bezeichnen das Verhältnis von Seitenlängen im rechtwinkligen Dreieck; $\sin^{-1}$, $\cos^{-1}$ und $\tan^{-1}$ sind Winkelgrößen, die sich aus den Seitenverhältnissen ergeben:
  sin α = a:c , **cos** α = b:c, **tan** α = a:b
  α = $\sin^{-1}$ (a:c), $\cos^{-1}$ (b:c), $\tan^{-1}$ (a:b)
- Für Rechnungen in Grad muss ***DEG*** eingeschaltet sein.
- Bei der Taste [° ' "] für das Sechziger-System (Winkel und Uhrzeiten) zählt die erste Eingabe als Grad/Stunden, die zweite als Minuten, die dritte als Sekunden. Für lediglich »20 Sekunden« gibt man ein:
  0 [° ' "] , 0 [° ' "] , 20 [° ' "].
  Die Umrechnung ins Zehnersystem erledigt des Rechner selbst; für den umgekehrten Weg gelten **[SHIFT]** oder **[INV]** und dann [° ' "] .

2.4.2 Genauigkeit

Mit der 2°-Teilung unserer Kompasse lassen sich Winkel auf ±1° genau messen und einstellen. ***Kurswinkel werden auch in der Schiffs- und Flugnavigation nur in vollen Grad angegeben.*** Unsere Orientierungshilfen und Rechnungen liefern also Standort, Richtung und Missweisung für unsere Zwecke hinreichend genau.

Nachkommastellen bekommen dort besonderes Gewicht, wo Werte zu vervielfachen sind. Für alle Rechnungen zur Orientierung lautet der Rat:

- Rechenregeln (2.4.1) und Vorzeichen sorgfältig beachten.
- mit der vollen Stellenzahl rechnen
- die Speicher nutzen
- erst das Endergebnis runden:
  Geländeentfernungen auf Meter
  Kartenentfernungen auf halbe Millimeter
  Kurswinkel und Missweisung auf volle Grad
  Zeitangaben auf volle Minuten

Einige Größen sollten einem geläufig sein:

- Erdumfang = rund 40 000 km
- 1° auf dem Großkreis (143) = (40 000 : 360) km = rund 111,1 km
- 1' auf dem Großkreis = **1 Seemeile** = (111,1 : 60) km = **1,852 km**
- 1 Zeitzone = 1 h = (360 : 24)° = 15 Längengrade
- Sonnenweg für 1° Länge = (60 : 15) min = 4 min.

2.5 Uhr (5.4, 6.3.5, 9-02 bis 9-06)

Die zurückgelegte Wegstrecke lässt sich nach der Zeit schätzen, doch das Gehtempo wechselt leichter als die Schrittlänge. Um eine Himmelsrichtung oder die Missweisung nach der Sonne zu bestimmen, empfiehlt sich eine Quarz-Zeigeruhr. Das Zifferblatt dient im Notfall als Gradskala (7.2.1).

2.5.1 Norm-Schreibweise für Zeitangaben (DIN 13312)

Datum in abfallender Schreibweise: **2015-10-23**
Uhrzeit mit Doppelpunkt oder vierstellig: **07:05** oder **0705**
Zeitpunkt in UTC abgekürzt mit dem Zusatzbuchstaben Z: **0705 Z**
Zeitdauer mit Kleinbuchstaben: **3 h 12 min 45s**
Zeitzone mit dem Kennbuchstaben: z.B. A für MEZ (2-08 d): **0805 A**

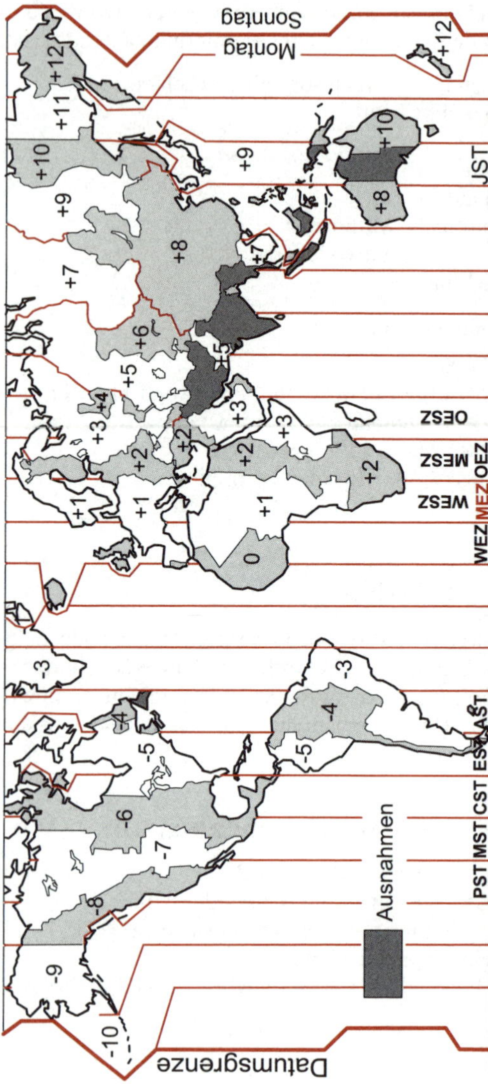

				PST	MST	CST	EST	AST				WEZ	MEZ WESZ	OEZ MESZ	OESZ						JST				
a	23	0	1	2	3	4	5	6	7	8	9	10	11	12	13	14	15	16	17	18	19	20	21	22	23
b	-12	-11	-10	-9	-8	-7	-6	-5	-4	-3	-2	-1	UTC	+1	+2	+3	+4	+5	+6	+7	+8	+9	+10	+11	+12
c	180°	165°W	150°W	135°W	120°W	105°W	90°W	75°W	60°W	45°W	30°W	15°W	0°	15°E	30°E	45°E	60°E	75°E	90°E	105°E	120°E	135°E	150°E	165°E	180°
d	Y	X	W	V	U	T	S	R	Q	P	O	N	Z	A	B	C	D	E	F	G	H	I	K	L	M

a) Uhrzeit um 12.00 Uhr MEZ
b) Abweichung von der Weltzeit (UTC) = GPS-Einstellung bei TIME OFFSET
c) Zeitmeridian
d) Kennbuchstabe der Zeitzone

2-08 Zeitzonen der Erde, Stand 2015

2.5.2 Normalzeit, Zonenzeit

Die *Zeitansage* (Normalzeit) geht von der mittleren Tageslänge von 24 Stunden aus. Aber der Abstand von Mittag bis Mittag ändert sich täglich, denn die Bahn der Erde um die Sonne ist nicht kreisförmig, sondern elliptisch. Die Abweichung vom Mittelwert heißt *Zeitgleichung* (zgl., 6.3.5 b, 9-01). Die Randwerte liegen eine Stunde auseinander.

Zeitmeridian ist die geographische Länge, deren mittlere Ortszeit (= Zeitansage) für eine die ganze Zeitzone gilt. Bei einer vollen Erdumdrehung in 24 Stunden entsprechen 15° einer Stunde. Die (amtliche) Zonenzeit berücksichtigt diesen Zeitunterschied von einer Stunde für je 15 Längengrade. Für die koordinierte Weltzeit ***UTC*** (Universal Time Coordinated, auch Westeuropäische Zeit WEZ, früher als Greenwich Mean Time GMT bezeichnet) ist es der Nullmeridian bei der alten Sternwarte Greenwich bei London (104). Zeitmeridian für die Mitteleuropäische Zeit (MEZ) ist 15°E, für Osteuropäische Zeit (OEZ) 30°E. In Europa wird MEZ von Spanien bis Polen verwendet, also von 9°W bis 24°E; WEZ gilt nur in Großbritannien, Portugal und Island; OEZ von Finnland bis Griechenland.

Jeder Staat entscheidet selbst, welche Zonenzeit er verwendet und wo die Zeitgrenzen innerhalb seines Staatsgebiets liegen, und es gibt Gebiete mit eigenen Zeitmeridianen. 2-8 ist für Russland nicht aktuell; dort wurden die Zahl und die Grenzen der Zeitzonen in den letzten Jahren mehrfach verändert.

Der Abstand zwischen den Meridianlinien nimmt polwärts ab (Abweitung 53). Auf die Ost-West-Entfernung bezogen, ändert sich daher die Uhrzeit längs des 60. Breitengrads doppelt so schnell wie auf der Breite von München und dreimal so schnell wie am Äquator.

2.5.3 Sommerzeit

Für die Sommerzeit wird der Zeitmeridian um eine Zeitzone (= 15°) ostwärts verschoben. Sommerzeit für WEZ (= WESZ = UTC + 1) entspricht also der Normalzeit für MEZ. MESZ entspricht OEZ = UTC + 2, (ungefähr die Linie Petersburg – Kiew – Kairo), OESZ = UTC + 3.

Auch über die Sommerzeit, ihren Beginn und ihr Ende wird politisch entschieden. Sie ist vorteilhaft für Länder zwischen etwa 30° und 60° Breite, weil es dann abends eine Stunde länger hell ist. In hohen Breiten sind die Sommernächte sowieso hell, und in den Tropen sind die Tage zu allen Jahreszeiten ziemlich gleich lang (80).

2.5.4 Datumsgrenze (2-08)

Wer die Datumsgrenze »mit der Sonne«, also in westlicher Richtung überquert, rückt mit Datum und Wochentag um einen Tag vorwärts, wer sie in östlicher Richtung, also »gegen die Sonne«, überquert, wiederholt Datum und Wochentag. Mit anderen Worten: Östlich der Datumsgrenze gilt das Datum der amerikanischen Küste, westlich das Datum der asiatischen Küste.

2.6 Schrittzähler

Auf (ebenen) Wegen kann man Strecken mit dem Schrittzähler messen (67). Bei Geräten mit Digitalanzeige lässt sich die Schrittlänge zentimetergenau einstellen und die Entfernung dann in Schritten oder Metern ablesen (3.2.2). Aber das Gerät zählt Erschütterungen. Bei der Rast oder bei Abstechern, die nicht gemessen werden sollen, muss man es darum anhalten oder die Messergebnisse, auf die es einem ankommt, schriftlich festhalten.

2.7 Mitwanderer

Wer in einer Wandergruppe die Orientierung übernommen hat, trägt in schwierigem oder unerschlossenem Gelände eine große Verantwortung, die ihn auf dem Weg und bei der Rast nicht loslässt. Das sollte aber nicht dazu führen, dass man sich nur auf sich selbst und seine Geräte verlässt, sondern sehr viel spricht dafür, die Mitwanderer an seinen Überlegungen zu beteiligen und auf ihre Einwände zu hören. Dazu gehört auch, dass man ihnen ggf. bei den Rechnungen behilflich ist (2.4.1)

Wenn der Standort aus dem Karten- und Landschaftsbild erschlossen werden soll oder wenn man in einer verfahrenen Lage überlegt, an welchen Stellen man in welcher Reihenfolge vorbeigekommen ist, versprechen mehrere Köpfe ein besseres Ergebnis als einer allein.

Die Bereitschaft der Mitwanderer zum Mitdenken muss man pflegen und nutzen. Sich durchsetzen und »Recht behalten« mag zwar befriedigen, aber Recht *haben* verbessert die Standort- und Kursbestimmung.

*

Wenn niemand mitdenkt und man selbst abgelenkt ist, macht man sogar auf markierten Wegen dumme Fehler. Ich war in Finnisch-Lappland allein unterwegs und stieß an einer Gabelung auf ein Schild mit einem Pfeil nach rechts: »Laavu 200 m«. Das Wort war mir in sechs Finnlandjahren nie begegnet, also bog ich ab, um nachzusehen. Es handelte sich um einen Wetterschutz, bestehend aus Bretterboden und Pultdach, an der offenen Vorderseite gerade sitzhoch. Ein paar Schritte weiter lag ein gestürzter Baum. Auf den setzte ich mich, suchte das Wort im Wörterbuch, fand es nicht und schrieb es mir mit der Erklärung vorn hinein. Im Weitergehen überlegte ich mir mögliche andere Lösungen für die Konstruktion. Erst als die erwartete Auffanglinie (Bach) nach der geschätzten Zeit nicht kommen wollte, fiel mir an meinem Schatten auf, dass ich ostwärts statt nordwärts ging.

2.8 Arbeitshilfen

Als kurzes **Lineal** dient die Anlegekante des Kompasses (Spiegel aufgeklappt); für lange gerade Linien schlägt man den Kartenrand zurück (2-09 e).

Für größere Kartenentfernungen zieht man bei einem **Vollkreis-Winkelmesser** einen Faden durch die Mitte (2-09a). Angeboten wird er als *Navigationsscheibe* vom Verlag Delius Klasing und als *Netzteiler* vom Alpenverein. Zum Messen legt man den Mittelpunkt auf den Standort, richtet die Nordlinien nach dem Kartengitter aus und (für Winkel) spannt den Faden.

Den ***Zirkel*** ersetzt unterwegs ein Papierstreifen mit einer Nadel (2-09 b).

Eine ***Bohrung im Kompass*** (2-09 c) hilft, Punkte in der Karte sauber zu markieren, ohne sie unlesbar zu machen. Dazu ritzt man ein Kreuz in die Unterseite des Lineals und färbt es rot ein. Im Schnittpunkt bohrt man ein kleines Loch und erweitert es vorsichtig bis auf 6 bis 8 mm Durchmesser.

Der ***Schlüssel*** zum Einstellen der Missweisung ist am sichersten verwahrt, wenn man ihn auf die Tragschnur des Kompasses fädelt.

Der Kompass dient auch als ***Winkelmesser*** (2-09 d). Fallweise ist dazu der Winkel ($360° - \alpha$) einzustellen.

Ein ***Gleitknoten*** in der Tragschnur beim Kompass (Rollstek, 2-09 f) zieht sich nicht zusammen, wenn man den Kompass am Handgelenk trägt. Die Schlinge öffnet sich, wenn man den Knoten mit zwei Fingern hält und die Hand nach außen dreht.

Als ***Lot*** hält man den Kompass an der Tragschnur hoch und legt ihn z. B. an den Polarstern an.

Für einen ***Behelfskompass*** (7.1.1, 2-09 g) kann man eine Stahlnadel auf mehrere Arten kurzzeitig magnetisieren:

- an einen Magneten halten
- mehrfach in derselben Richtung an (Woll-)stoff reiben
- einen dünnen Draht oder eine aufgebogene Büroklammer dicht um

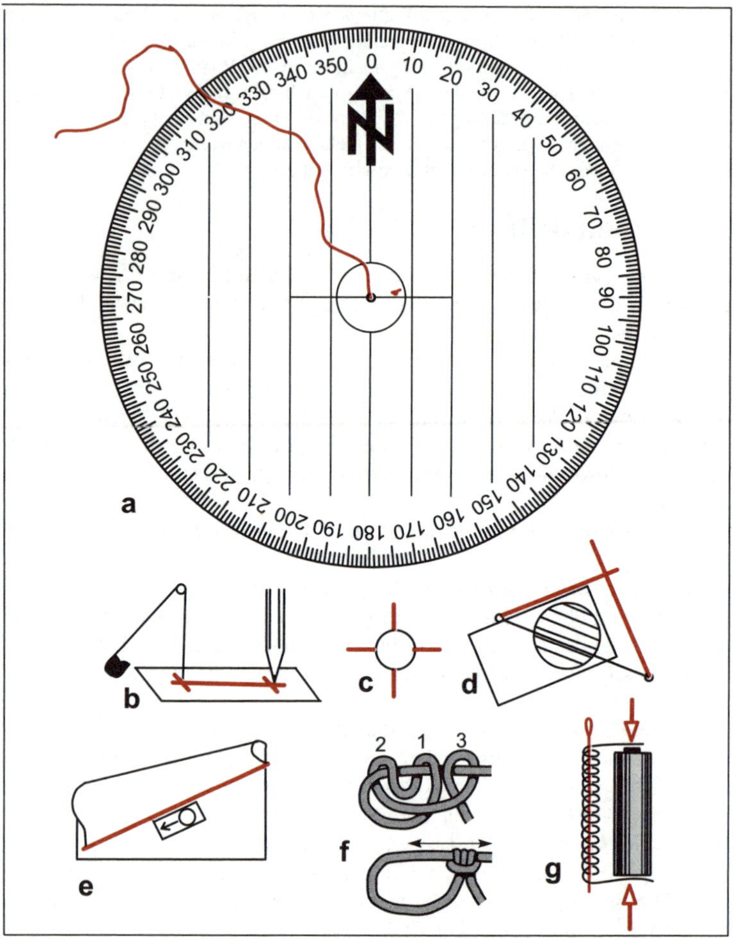

2-09 *Hilfsmittel für unterwegs*
a) Vollkreis-Winkelmesser, b) Papierstreifen als Behelfszirkel, c) Bohrung mit Zentrierkreuz, d) Kompass als Winkelmesser, e) Kartenrand als Lineal, f) Gleitknoten, g) Nadel magnetisieren

einen Stift oder einen dünnen Zweig wickeln, dann die Nadel berührungsfrei in diese Spule stecken und die Drahtenden kurz gegen die Pole einer Stabbatterie drücken (2-09 g).

Als behelfsmäßige ***Gradskala*** dient das Zifferblatt der Uhr (7.2.1). Mit der 12 für Nord erhält man die gesuchte Richtung, indem man die Gradzahl durch 6 teilt und das Ergebnis als »Minuten nach 12« rechnet.

2-10 *Karte schonen*
Eine geschlitzte Karte braucht man weniger oft auf- und umzufalten.

Ist abzusehen, dass man eine ***großformatige Karte*** viele Male auf- und umfalten muss, schlitzt und faltet man sie wie in 2-10.

Ziffern in NATO-Schreibweise (2-11) werden weniger leicht verwechselt:

2-11 *NATO-Schreibweise für Ziffern*

2.9 Übungen

2.9.1 Wie viel Grad sind a) 310 gon b) 120^{-}(mils) c) 1412^{v} d) 5050 A‰ e) 4100^{-} (schwedisch)?

2.9.2 Wie viele Minuten sind
a) 12^{-} b) 0,4 gon c) 10^{v} d) 8^{-} (schwedisch) e) 5,5 A‰?

2.9.3 Wie viel Strich (mils, A‰) sind a) 203° b) 1°04' c) 71 gon d) 7^{v}?

2.9.4 Ordnen Sie die Kompasse in 2-12 nach der Größe des eingestellten Winkels. Beachten Sie dabei die Nordmarke.

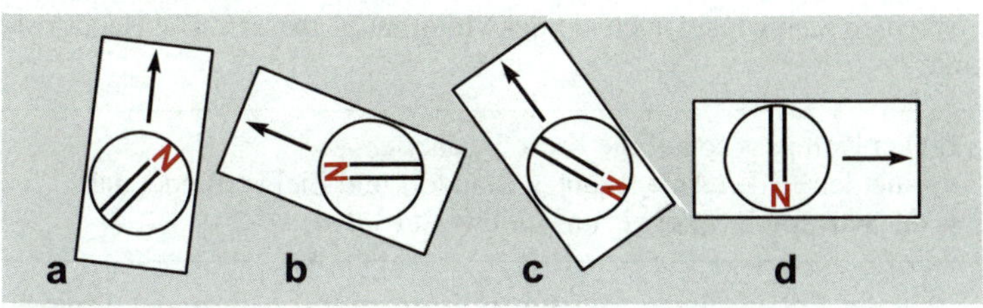

2-12 *zu Aufgabe 2.9.4*

2.9.5 (9-03)
Wie viel Uhr ist es um 17:00 Uhr MEZ in a) Alaska, b) Island, c) Südafrika, d) Japan?

3. Von der Karte ins Gelände (195, 9-09)

Hier geht es zunächst um die Handgriffe. Die Missweisung wird in Teil 6 behandelt.

Zwei Orientierungs-Aufgaben lassen sich mit GPS nur umständlich oder gar nicht lösen:
- **Kurswinkel ermitteln und einhalten** (Teil 3)
- **entfernte Punkte bestimmen** (Teil 4).

Darum ist der Kompass unverzichtbar für die Orientierung in unerschlossenem Gelände und auf dem Wasser.

3.1 Kursbestimmung

Solange der Kompass auf der Karte liegt, dient er allein als Winkelmesser, und die Magnetnadel bleibt unbeachtet. Es zählt allein der Winkel zwischen Dosengitter und Kartengitter. Deshalb kann man einen Kurswinkel auch auf der Motorhaube aus der Karte messen.

3.1.1 Kurswinkel ermitteln

Auf der Karte (vgl. Beilage: Übungsgitter)

Nur vom bekannten und in der Karte bestimmten ***Standort*** aus kann man auf der Karte einen Kurswinkel ermitteln.

Kurswinkel ist der Winkel von den verwendeten Nordlinien zur Zielrichtung. **Solange der Kompass auf der Karte liegt, dient er allein als Winkelmesser, und die Magnetnadel bleibt unbeachtet.** Deshalb kann man einen Kurswinkel auch auf der Motorhaube messen. Die Handgriffe sind:

1. Den Kompass so auf die Karte legen, dass
- eine der beiden Anlegekanten Standort und Ziel verbindet und
- der **Kurspfeil/Spiegel** zum Ziel weist (3-01a).

Auf der frei gehaltenen gefalteten Karte setzt man dazu den Daumen von oben auf das Lineal *(nicht die Dose!)* und drückt mit den übrigen Fingern derselben Hand von unten dagegen (3-02), – oder man legt kniend die Karte auf einen Oberschenkel und drückt den Kompass fest darauf.

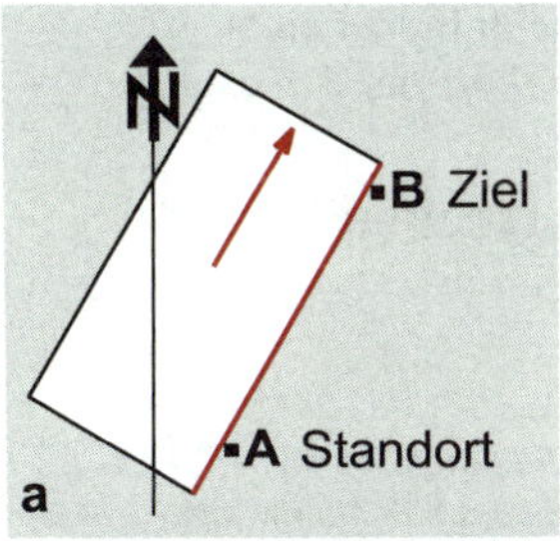

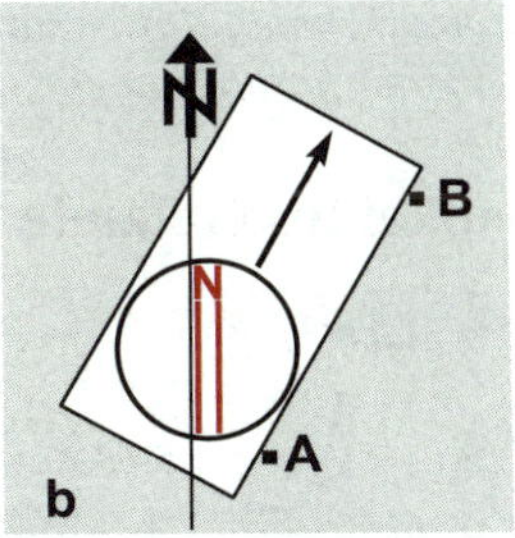

3-01 *Kurswinkel ermitteln*
a) Standort und Ziel mit einer Anlegekante verbinden, dabei ***Kurspfeil zum Ziel***
b) *Dosengitter nach dem Kartengitter ausrichten, dabei* ***Nordmarke nach Kartennord***

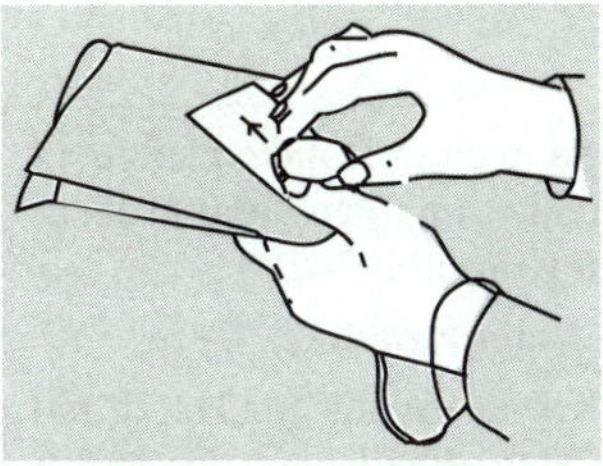

3-02 *So hält man Karte und Kompass, wenn man im Gelände einen Kurswinkel ermittelt.*

2. Mit der anderen Hand die Dose drehen, bis
- die **Nordmarke nach Kartennord**, also nach oben weist und
- das Dosengitter parallel zu einer Nordlinie der Karte liegt (3-01b), am besten mit einer der längeren mittleren Linien.

Mit diesen Handgriffen ist der Kurswinkel eingestellt und – wenn wir nicht mehr an der Dose drehen – sicher festgehalten. Es ist ratsam, sich *jedesmal* auch bewusst zu machen, welche Himmelsrichtung/Gradzahl eingestellt ist.

Üben Sie diese Handgriffe, bis sie in Fleisch und Blut übergegangen sind, erst am Tisch, dann stehend mit der gefalteten Karte in der Hand.

Am besten sprechen Sie mit:

»Kurspfeil zum Ziel, Nordmarke nach Kartennord«

– und vergewissern Sie sich, dass Sie beides richtig gemacht haben.

»Nordmarke nach Kartennord« heißt immer auch *»Dosengitter parallel zu einer Nordlinie der Karte«*

3.1.2 Kurswinkel ins Gelände übertragen

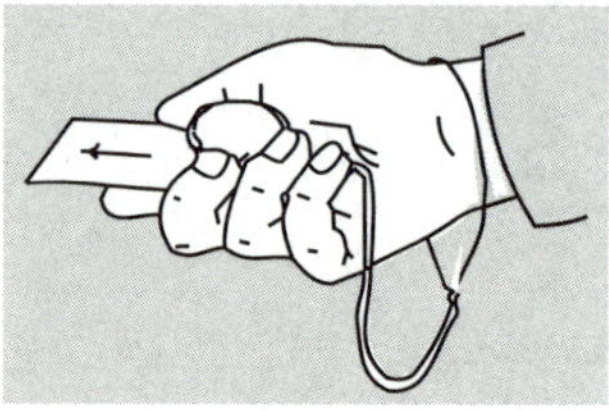

3-03 *Kompasshaltung beim Gehen: Den Linealkompass hält man waagerecht etwa in Hüfthöhe und blickt über den Kurspfeil ins Gelände. Das Hinterende mit der Tragschnur weist zum Körper.*

Mit dem Kompass übertragen wir den Kurswinkel ins Gelände, indem wir den ganzen Körper in Kursrichtung drehen und in dieser Richtung ein Hilfsziel wählen:

- Den Kompass von der Karte abheben und in einer Hand waagerecht etwa hüfthoch halten, sodass man senkrecht von oben darauf schaut (3-03). Die Tragschnur weist dabei zum Körper.

Erst jetzt brauchen wir die Magnetnadel!

- Auf der Stelle treten und den ganzen Körper (nicht nur Hand und Kopf!), drehen bis das Nordende der Magnetnadel an der Nordmarke steht.

Kurspfeil und Blick weisen jetzt in die auf der Karte ermittelte Richtung.

- Über den in Hüfthöhe gehaltenen Kompass hinweg blicken, in Gedanken den Kurspfeil ins Gelände hinein verlängern und in dieser Richtung ein Hilfsziel suchen.

Hilfsziele. Wie weit entfernt ein Hilfs-/Zwischenziel sein darf, hängt vom Gelände ab. Von mehreren möglichen wählt man das entferntere, aber es sollte unbedingt vor dem Ziel liegen. Im dichten Wald ist es vielleicht schon der übernächste Baum, in offenem Gelände ein Wipfel am nächsten Waldrand, ein Stein, eine Pflanze, ein Sonnenfleck, irgendetwas, was sich nicht bewegt und was wir auf dem Weg dorthin nicht aus den Augen verlieren. (Weidetiere und Fahrzeuge haben sich nicht bewährt.) Ehe man in eine steile Senke (Tobel) hinabsteigt, sucht man sich unten oder am Gegenhang ein neues, näheres Hilfsziel.

Zwischen zwei Hilfszielen kann man seitliches Abweichen nur ausgleichen, solange man das nächste im Blick hat. ***Unterwegs schaut man also nicht auf den Kompass,*** sondern behält das Hilfsziel im Auge. Dabei sucht man sich einen bequemen Weg, weicht Hindernissen aus und geht auf Steilstrecken im Zickzack.

Nah- und Fernorientierung. Der ***Linealkompass*** ist für die Nahorientierung gedacht. Bei Fernzielen müsste man ihn ans Auge heben, ohne die Richtung zu verändern; das ist ungenau. Einen ***Spiegelkompass*** hält man beim Peilen im Gehen ebenso in Hüfthöhe wie einen Linealkompass (3-03), klappt aber den Deckel auf, sodass er die Peillinie verlängert.

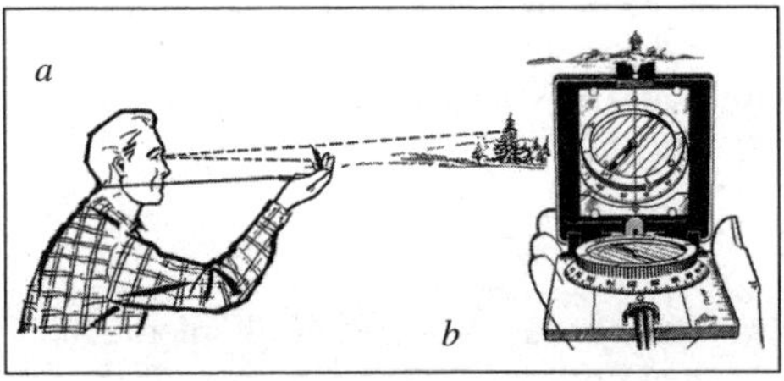

3-04 *Spiegelkompass: Die Mittellinie im Spiegel verhindert das Verkanten a) Haltung, b) Peilen*

Bei Fernzielen hebt man ihn in Augenhöhe und neigt den Spiegel so, dass man die ganze Dose im Blick hat (3-04a). Wenn die Tragschnur gerade so lang ist, dass der Kompass bei fast ausgestrecktem Arm fest am Nacken anliegt, hält man ihn ruhiger und kann genauer peilen und einstellen (6.3.3.1). Visiert wird über die Kimme oder durch das Peilloch am unteren Spiegelrand. Der Mittelstrich auf dem Spiegel soll senkrecht stehen und im Spiegelbild durch die Nabe der Magnetnadel laufen (3-04b).

Der Kompass ist immer waagerecht zu halten. Bergauf hebt man ihn dazu etwas an und stellt den Spiegel flacher. Bergab senkt man den Arm mit dem Kompass und richtet den Spiegel auf.

Keine Hilfsziele. Nur wo keine Sichtorientierung möglich ist, im Nebel, auf dem Wasser oder auf dem Eis eines großen Sees, verfährt man notgedrungen wie auf dem Schiff oder im Flugzeug: Man hält den Kompass waagerecht vor sich und bewegt sich so weiter, dass die Nadel parallel zum Dosengitter steht.

Kursbestimmung

Jede messbare Missweisung sollte berücksichtigt werden! (Teil 6)

AUF DER KARTE
- mit einer Anlegekante Standort und Ziel verbinden, dabei **Kurspfeil zum Ziel**
- Dosengitter nach dem Kartengitter ausrichten, dabei **Nordmarke nach Kartennord**
- (ggf.) **Missweisung ausgleichen**

IM GELÄNDE
- den Kompass in Hüfthöhe waagerecht halten und den ganzen Körper drehen, bis das Nordende der Nadel auf der Nordmarke steht,
- in Richtung des Kurspfeils ein Hilfsziel suchen

3.2 Streckenwahl

Eine umsichtige Streckenwahl gleicht aus zwischen den Forderungen,
- **sicher finden,**
- **Kräfte schonen,**
- **Zeit sparen.**

Zur Wahl stehen können
- der lange, gewundene Weg auf deutlichen Pfaden – oder die Luftlinie, die vielleicht durch schwieriges Gelände führt,
- der kurze, anstrengende Weg über einen Berg oder durch eine Schlucht – oder der kräftesparende, längere Weg entlang einer Höhenlinie,
- der Anstieg in der Falllinie, der kaum Orientierungsprobleme bietet – oder der weniger steile Weg auf einem Zickzack- oder Spiralkurs,
- auf dem Wasser der gerade Kurs zwischen zwei Inseln, auf dem Wind und Wellen genau von der Seite oder genau von vorn kommen – oder ein Kurswechsel, sodass sie schräg angreifen – oder ein windgeschützter Umweg hinter Inseln.

Vorrang hat das sichere Finden. Kleine Ungenauigkeiten beim Messen und Peilen führen unvermeidlich zu Abweichungen. Fünf Meter auf 100 Meter sind nicht viel, doch nach drei Kilometern Weg stünde man bei 5 % Abweichung rund 250 m neben dem Ziel, und der Suchkreis für ein Punktziel hätte bei Nebel, Schneetreiben oder Dunkelheit über 500 m Durchmesser.

3.2.1 Grob- und Feinorientierung

Nach dem Kompass gehen wird man nur, wo es nötig ist. Dazu ist – in Gedanken wie im Handeln – deutlich zu unterscheiden:
Groborientierung ist das Gehen ohne oder mit nur gelegentlicher Kompasshilfe nach Leitlinien, Geländeneigung, Sonnenstand oder Windrichtung.
Feinorientierung ist das Gehen nach dem Kompass von Hilfsziel zu Hilfsziel, im Zielgebiet vielleicht sogar mit Schrittzählen.

Von der Grob- zur Feinorientierung kann man nur wechseln, wenn man seinen Standort kennt.

Alle Geländelinien (Pfad, Bach, Tal, Höhenzug, Seeufer, Schneise, Freileitung, Waldrand, Baumgrenze, Renzaun) bewertet man danach, was sie für die Orientierung leisten:

Standlinie ist die Linie, auf der wir stehen, im einfachsten Fall der Weg, auf dem wir gehen, oder der Fluss, auf dem wir fahren. Geeignet ist jede Linie, die im Gelände erkennbar und auf der Karte dargestellt ist, aber auch der sauber eingehaltene eingezeichnete Kompasskurs oder – wenn wir die Höhe messen können – eine Höhenlinie.

Leitlinie ist eine deutliche Geländelinie in *Kursrichtung*, der man ohne Hilfsmittel folgen kann (Groborientierung).

Auffanglinie ist

a) *jede* Geländelinie *quer zu unserem Kurs*, die uns zeigt, wie weit wir gekommen sind und wo ggf. die Feinorientierung einzusetzen hat,
b) *aber auch* eine deutliche Linie *seitlich* von unserem Kurs, die uns im Notfall auffängt.
   Wer für andere verantwortlich ist, sollte immer deutlich angeben – und sich vergewissern, dass jeder verstanden hat –,
   - welche Art Auffanglinie es für den Notfall gibt,
   - in welcher Richtung man sie findet,
   - nach welcher Seite man ihr folgt und wie man sich weiter verhält.

Fallbeispiele (3-06)

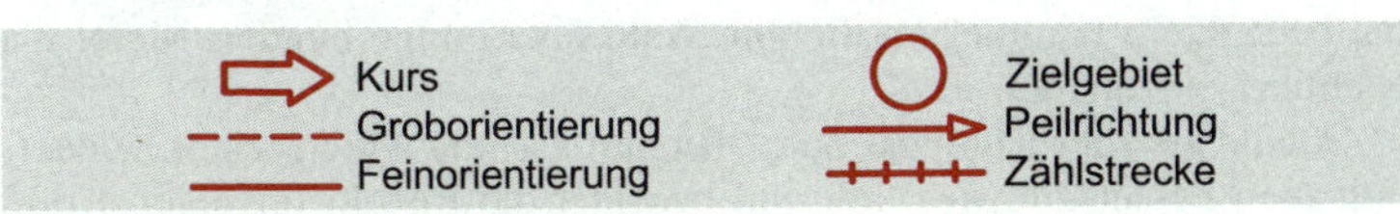

***3-05** Verwendete Zeichen für die Teile 3 und 4*

Punkte an einer **Leitlinie** findet man, indem man ihr folgt. In 3-06**a** zeigt bereits der Wegverlauf, auch ohne Höhenlinien, dass es sich um schwieriges Gelände handelt, wo der Kompasskurs weder Kraft noch Zeit sparen würde.

Leitlinien steigern die Sicherheit und können Zeit sparen. Aber auch wenn man in leicht belaufbarem Gelände die Luftlinie vorgezogen hat, bietet sich in **b** für den Beginn der Feinorientierung nur die Weggabel an.

Über große Entfernungen **(c)** unterteilt man die Kompassstrecke mithilfe von Zwischenzielen. Der längere Weg bringt größere Sicherheit.

Bei allen **flächigen Zielen (d)** hält man auf die Mitte. So fangen sie einen bei einem kleinen Richtungsfehler noch auf.

Liegt das Ziel auf oder nahe einer **Auffanglinie (e)**, hält man so weit daneben (»aiming off«), dass dort kein Zweifel besteht, in welcher Richtung man weiter zu suchen hat.

Ein Ziel *hinter* einer Auffanglinie **(f)** erreicht man schneller, wenn man zunächst nur die allgemeine Richtung einhält (Groborientierung). Die Feinorientierung beginnt an einer deutlich erkennbaren Stelle der Auffanglinie (Bachknie, Wegbiegung, Waldecke).

Bezieht man eine Auffanglinie in die Kurswahl ein, obwohl das *Ziel davor* liegt, verlängert das zwar den Weg, verkürzt aber die Strecke mit Feinorientierung und spart dadurch Zeit.

Sucht man den **Endpunkt einer Linie** von einer Stelle aus, die ungefähr in ihrer Fortsetzung liegt **(g)**, dann wählt man einen Kurswinkel etwa parallel dazu. Ist man vermutlich vorbei, geht man *im rechten Winkel* auf die Linie zu (Auffanglinie) und dann auf oder an ihr zurück (Leitlinie). Stößt man dabei ins Leere, kann man immer noch in Gegenrichtung suchen.

»Richtungssinn«

Wir Menschen sind, anders als einige Tierarten, nicht mit einem Richtungssinn ausgestattet – auch Naturvölker nicht. Sie beobachten nur genauer, bewegen sich in der Regel in vertrautem Gelände und orientieren sich nach Landmarken und nach Sonne, Mond und Sternen. Wer sich selbst für die Ausnahme hält, muss nur einmal versuchen, ohne Kompass bei bedecktem Himmel im dichten Wald über einige hundert Meter die Richtung einzuhalten.

Sobald also der Kompass dem »Richtungssinn« widerspricht, wiederholt man besser die Messung und beachtet die Regeln für jeden Kompassgebrauch:

a) Ziel an einer Leitlinie

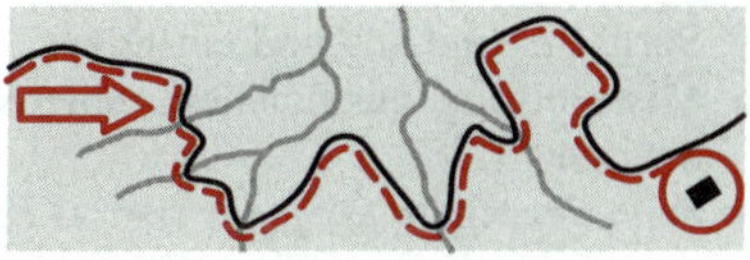

b) Lange Kompassstrecken vermeiden: Leitlinien benutzen

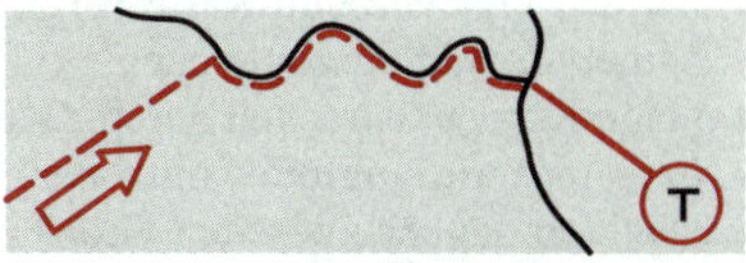

c) Lange Kompassstrecken vermeiden: Zwischenziele anlaufen

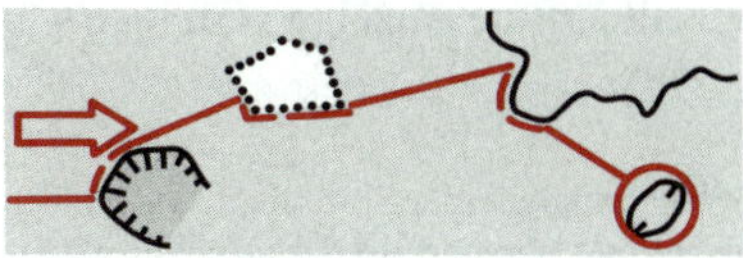

d) Breite Ziele: Auf die Mitte halten steigert die Sicherheit

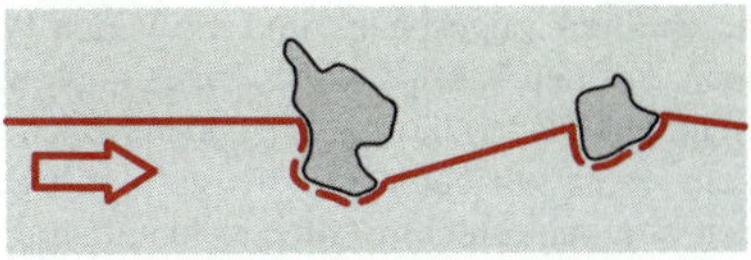

e) Ziel an einer Auffanglinie: deutlich danebenhalten

f) Ziel hinter einer Auffanglinie

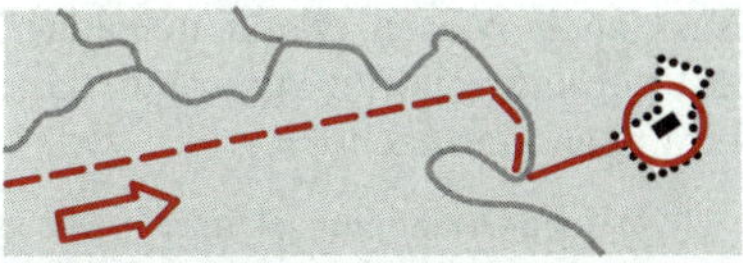

g) Auffanglinie in Kursrichtung
oben: getroffen
unten: zunächst in Gegenrichtung gesucht

***3-06** Kurswahl. Fallbeispiele*

- Sorgfältig messen und einstellen,
- Missweisung ausgleichen, Ablenkung ausschließen, Verkanten vermeiden
- *nach der Karte für jedes voraus liegende Wegstück Erwartungen bilden und sie beim Gehen überprüfen,*
- laufend Gelände und Karte vergleichen, um seitliches Abweichen zu bemerken und auszugleichen,
- lange Kompassstrecken durch Zwischenziele in Teilstrecken zerlegen,
- Leit- und Auffanglinien nutzen,
- jederzeit sauber zwischen Grob- und Feinorientierung unterscheiden (3.2.1)
- voll auf die Anzeige vertrauen – auch gegen den eigenen »Richtungssinn«

*

Selbst entlang einer Leitlinie muss man wachsam bleiben. Ich fühlte mich zu sicher, als wir in Lappland auf dem Rückweg von einer Skiwanderung auf den Bach stießen (Auffanglinie), der an unserer Unterkunft vorbeiführte (Leitlinie), allerdings tief eingeschnitten, zugeschneit und mit vielen Windungen. Also schaute ich länger nicht mehr auf den Kompass. Als ich es doch wieder tat, liefen wir genau in die Gegenrichtung. Die Erklärung: Ein anderer Bach war in »unseren« Bach eingemündet, und dem waren wir dann aufwärts gefolgt. Dass er viel weniger Wasser führte, war an den wenigen offenen Stellen nicht aufgefallen, und Tiefschnee, die vielen Schlingen, bedeckter Himmel, Müdigkeit und das falsche Gefühl der Sicherheit hatten den »Richtungssinn« gründlich getäuscht.

3.2.2 Entfernung

Jeder Kompasskurs ist bestimmt durch die beiden Polarkoordinaten *Richtung* und *Entfernung*. Dass die Richtung stimmt, genügt also nicht: Man muss auch wissen, wann man das Zielgebiet erreicht hat. Zur Kursbestimmung gehört darum auch, dass man sich Maßstab und Geländeentfernungen klarmacht (1.1.1).

In meinen Orientierungskursen erlebe ich oft, dass sich jemand in Gegenrichtung aufstellt; doch das fällt sofort auf. Viel häutiger muss ich auf den ersten Kompassstrecken solche Teilnehmer bremsen oder einfangen, die allein an die Richtung denken und sogar am deutlich erkennbaren Ziel vorbeistürmen, – umso schneller, je unsicherer sie sich fühlen oder je jünger sie sind.

Auf der Karte misst man gerade Strecken mit der Zentimeterskala am Kompass oder mit einem Papierstreifen, Kurven mit dem Zirkel (wachsende Zirkelöffnung):

- Das erste gerade Teilstück in den Zirkel nehmen und
- den Zirkel um den Knickpunkt in die *Verlängerung des folgenden Teilstücks* schwenken,
- die Zirkelöffnung um diese Teilstrecke erweitern
- und die Gesamt-Zirkelöffnung auf den Kartenmaßstab umrechnen.

Im Gelände stehen dem Wanderer Uhr, Höhenmesser, Schrittzähler, GPS, Handzählgerät und Taschenrechner zur Verfügung. Berg- und Gletscherwanderer können fallweise Seillängen zählen. Bei Steilstrecken und Serpentinen wirkt sich der Höhenunterschied stärker aus als die Kartenentfernung. Der Abstand von zwei voraus oder rückwärts liegenden Punkten ergibt sich auch aus der Größe des Horizontalwinkels (4-10).

Gehzeit. Realistische Zeitschätzungen (9.2.3) gehören zur sorgfältigen Planung. Unterwegs überschlägt man dann nach der abgelaufenen Zeit, wo man steht. Dazu sollte man den eigenen Zeitbedarf unter ähnlichen Bedingungen kennen (Untergrund, Steigung, Gepäck, Schuhwerk). Wie sich die Zeitangaben auf Wegweisern zum eigenen Gehtempo verhalten, merkt man am ersten Tag.

Schrittzahl. Bei bekanntem Ausgangsort hilft ein Schrittzähler (2.6) den Streckenabschnitt zu finden, auf dem man steht. Dazu stellt man einmalig 1 m als Schrittmaß ein, um die Länge eines Doppelschritts zu ermitteln und zählt eine auf der Karte gemessene längere Strecke. Umwege und Abstecher dürfen nicht mitgezählt werden. Die Entfernung in Metern ergibt sich dann aus den Rechnungen:

Schrittlänge [m] = Kartenentfernung [m] : Schrittzahl
[Entfernung [m] = Schrittzahl x Schrittmaß

und muss nur noch auf den Kartenmaßstab umgerechnet werden.

Beispiel Tagesstrecke nach der Karte = 19 500 m
Schrittzahl = 25 453
durchschnittliche Schrittlänge = (19 500 : 25 453) m = **0,77 m**

Entfernung schätzen. *Querabstände* sind besser zu schätzen; die *Längsentfernung* beträgt dann rund das Zehnfache. Bei etwa gleich hohen Bäumen (oder Masten) gilt für Längsentfernungen, dass sie bei doppelter Entfernung halb so hoch erscheinen, bei dreifacher also ein Drittel. Die relative Entfernung von Bergen und entfernten Inseln schätzt man mithilfe der Luftperspektive: je weiter entfernt, desto heller der Blauton. Auf dem Wasser kann man bei gleichbleibenden Bedingungen und einiger Übung am Farbton sogar erkennen, wie lange man noch bis zu einer entfernten Insel brauchen wird.

Nach Imhof (Gelände und Karte, S. 54) unterscheidet man mit bloßem Auge bis

50 m	Mund und Augen eines Menschen, Umrisse von Blättern,
100 m	Augen nur als Flecken,
300 m	Einzelheiten der Bekleidung,
500 m	Kopf und Hals eines Menschen, Farbe der Kleidung, Fensterrahmen,
800 m	Bewegungen der Beine eines Menschen und der Räder eines Wagens,
1200 m	Telefonstangen vor hellem Himmel,
5000 m	Kamine der Häuser.

Die ***Schallgeschwindigkeit*** beträgt in der Luft rund 333 Meter in der Sekunde, hängt aber von Temperatur und Windrichtung ab. Für die Entfernung einer Schallquelle in *Metern* ist die Laufzeit in Sekunden mit 333 malzunehmen. Ein selbst erzeugtes Echo ergibt die ungefähre Entfernung in *Kilometern*, wenn man die Sekunden durch 6 teilt.

GPS

Die Entfernung vom Standort zu einem gespeicherten Wegpunkt erhält man, wenn man ihn mit der ***GOTO***-Funktion aufruft. Dann werden Entfernung und Richtung angezeigt. Beim Gehen weist der Kurspfeil zum Ziel, bei Richtungsänderungen etwas verzögert.

3.2.3 Steigung

Wenn man Steigungen nach der Karte beurteilen kann, lässt sich der Zeitbedarf besser abschätzen und ermessen, ob Anstiege oder Abfahrten den eigenen Kräften angemessen sind und ob nach der Hangneigung Lawinengefahr besteht. Allerdings erhält man nach den Höhenlinien nur Durchschnittswerte, und die Äquidistanz lässt genügend Raum für Überraschungen.

Zeichnung. Man zeichnet eine waagerechte Gerade für die Entfernung, an einem Ende im gleichen Maßstab eine Senkrechte für die Höhe und verbindet die Endpunkte. Die so ermittelte Schräge ist zwar anschaulich, aber für Vergleiche sind Zahlen besser geeignet.

Rechnung. Steigungsangaben in Prozent sind üblicher als Grad, z. B. an Passstraßen. Aber ab 45° sind Gradangaben handlicher, denn dann werden die Prozentzahlen dreistellig. Die Rechnungen lauten

Steigung [Prozent] = Höhenunterschied [m] : Kartenentfernung [m] x 100
Steigung [Grad] = $\tan^{-1}$ (Höhenunterschied [m] : Kartenentfernung [m])

Beispiel	10 Höhenlinien bei 20 m Äquidistanz	= 200 m Höhenunterschied
	16 mm bei Maßstab 1:50 000	= 800 m Entfernung
Steigung	= 200 : 800 x 100 = **25 %**	= $\tan^{-1}$ (200 : 800) = **14**°

Aussagekräftig sind Grad und Prozent nur bei stetiger Steigung, also ungefähr gleichem Abstand der Höhenlinien. Prozent kann man in Grad, Grad in Prozent umrechnen (9.2.2).

Einige Steigungen zum Vergleich:
- 4 % (= 2,3°) gelten als Obergrenze bei neuen Autobahnen,
- 10 % (= 5,7°) bewältigt ein normaler Radfahrer nur mit Gangschaltung,
- zwischen 10 % und 18 % Steigung haben die Alpenpässe auf den Fernstraßen,
- Skiabfahrten gelten bis 25 % (= 14°) als leicht, bis 40 % (= 22°) als mittelschwer und bis 55 % (= 29°) als schwer (Pistenraupen bewältigen bis 55 % Steigung). Abfahrten, die mehrfach steiler als 45 % (= 24°) sind, gelten als ungeeignet für den Massenskilauf.
- 50 % Steigung (= 26,5°) sind die Höchstgrenze für OL-Wettkämpfe,
- 100 % sind nicht senkrecht, sondern 45°,
- ab etwa 70° (= 275 %) empfindet man Felswände als »senkrecht«

Auf einer geeigneten Strecke ist der ***Weg*** länger als die auf der Karte gemessene Horizontalentfernung:

Weglänge = $\sqrt{(\text{Kartenentfernung [m]})^2 + (\text{Höhenunterschied [m]})^2}$

Beispiel	Kartenentfernung	1260 m
	Höhenunterschied	570 m
	Weglänge = $\sqrt{1260^2 + 570^2}$ = 1383 m	

Gleichmäßiger Anstieg. Wer einen kräfteschonenden möglichst stetigen Anstieg wünscht, braucht gleich lange Wegstrecken zwischen Höhenlinien und wählt dazu ggf. einen Serpentinen- oder Spiralkurs (3-07). Dabei ergibt sich nach dem Höhenmesser, wann ein Knickpunkt erreicht ist, und nach der Karte, welche neue Richtung einzuschlagen ist.

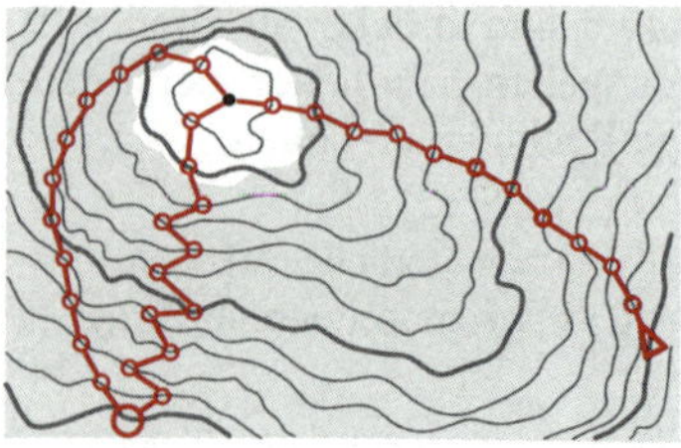

3-07 Gleichmäßiger Anstieg

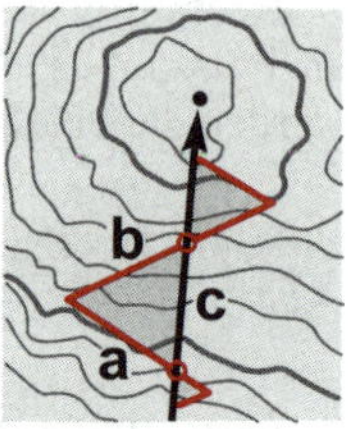

3-08 Der Zickzackkurs verringert die Steigung. Bei Abweichung um ± 60° ist a = b = c.

Welcher Kurs eine *bestimmte* Neigung bietet, berechnet man so:

Abstand der Höhenlinien [mm] =
Äquidistanz x 100 000 : geplante Steigung : Maßstabszahl

Beispiel Maßstab 1:25 000
Äquidistanz = 20 m
geplante Steigung = 15 %

Abstand der Höhenlinien = 20 x 100 000 : 15 : 25 000 = **5,3 mm**

Um auf steilen Anstiegen den Kurswinkel einzuhalten, versucht man im Zickzack jeweils um den gleichen *Winkel* und die gleiche *Schrittzahl* abzuweichen und zurückzukehren. Bei ± 60° (= gleichseitiges Dreieck, 3-08) ist die Steigung halbiert, da sich die Weglänge verdoppelt.

Höhe einhalten. Wer bei der Entscheidung »Kraft oder Weg?« den längeren, aber kräftesparenden Kurs längs einer Höhenlinie gewählt hat, neigt dazu, am Hang nach oben abzuweichen. Nur durch laufendes Überprüfen mit dem Höhenmesser vermeidet man diesen Fehler.

Gehzeit (9.2.2). Nach einer Faustregel für den Zeitbedarf beim Bergwandern sind für 4 km Weg ebenso wie für 300 m Höhenunterschied rund 60 Minuten anzusetzen. Für den Anstieg auf Skiern gelten etwa dieselben Werte. Bergab braucht man zu Fuß rund eine Stunde für 600 Höhenmeter. Für geübte Bergwanderer gelten andere Zahlen.

3.2.4 Hindernisse umgehen

Auch die beste Karte bewahrt nicht vor Überraschungen. Nicht alle denkbaren Hindernisse werden dargestellt, und schon höherer Wasserstand nach der Schneeschmelze oder einer Regenperiode kann zum Ausweichen zwingen. **Sobald man aber die Kurslinie verlässt, zeigt der Kompass nicht mehr zum Ziel.**

Nach Sicht.

Ist das Hindernis überschaubar, gibt es drei Möglichkeiten. Alle setzen voraus, dass die Sichtverbindung bestehen bleibt (Dämmerung, Nebel, Schneetreiben!).

- Beim Umgehen ein Hilfsziel auf der gegenüberliegenden Seite im Auge behalten. Dabei ist zu bedenken, dass Bäume oder Baumgruppen von der Seite her anders aussehen.
- Einen Mitwanderer als Hilfsziel einweisen.
- Den Standort so markieren, dass er von der Gegenseite aus sichtbar ist.

Rechtwinklig.

Ein Hindernis von unbekannem Umriss umgehen wir in rechten Winkeln (= Kurswinkel ± 90°), ohne den Kompass zu verstellen (3-09a).

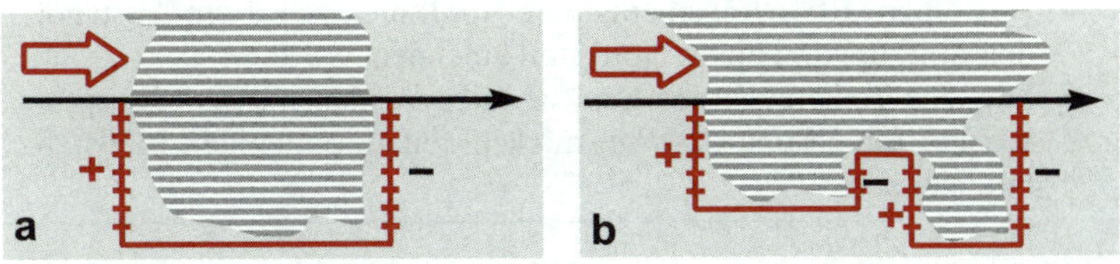

3-09 *Rechtwinklig umgehen:*
a) gleiche Schrittzahl vom Kurs weg und zum Kurs zurück,
b) rechte Winkel taugen auch bei unerwarteter Form des Hindernisses.

Dazu macht man eine Vierteldrehung nach der Seite, auf der man umgehen will, zählt in dieser Richtung Doppelschritte und merkt sich ihre Zahl. Wenn wir weit genug ausgewichen sind, machen wir die Vierteldrehung zurück und setzen – *jetzt allerdings seitlich versetzt!* – den Weg in Kursrichtung fort. Am Ende des Hindernisses gehen wir auf die Kurslinie zurück und drehen nach der richtigen Schrittzahl wieder auf den alten Kurs ein. Die Drehungen sind also ***»rechts – links – links – rechts«*** oder umgekehrt.

Ist am Kompass eine Missweisung eingestellt, zählt man die rechten Winkel von der Nordmarke statt von 0° aus.

Auch wenn das Hindernis eine unerwartete Form hat (3-09b), kommt es allein darauf an, genauso viele Schritte zur Kurslinie zurückzugehen wie vom Kurs weg. Alle Streckenlängen parallel zur Kursrichtung sind belanglos.

- Rechte Winkel benutzen, ohne den Kompass zu verstellen,
- gleiche Schrittzahl zum Kurs zurück wie vom Kurs weg

Hindernisse lassen sich freilich auch in spitzen Winkeln umgehen. Wanderbücher empfehlen das manchmal, und einige Kompasse bieten dafür eigene »Umgehungsmarken«. ***Aber im Gelände sind einfache und sichere Verfahren vorzuziehen.*** Der Gewinn bei spitzen Winkeln ist nämlich zweifelhaft. Zwar mag der Umweg bis 30 % kürzer sein, aber die Zählstrecken werden länger, Fehler wahrscheinlicher, und in Fällen wie in 3-09b wäre man verloren.

Nach Zeichnung.

Wenn das Gelände ein rechtwinkliges Umgehen ausschließt und der Umweg nicht nach der Karte geplant werden kann, zeichnet man den geltenden Kompasskurs in die Karte ein.

- Auf einem Blatt Kästchenpapier Nordlinien mit 2 cm Abstand, den Sollkurs und einen Nordpfeil zeichnen
- Für jede Teilstrecke des Umwegs den Winkel messen, Doppelschritte zählen und das Wegstück in einem beliebigen Maßstab mitzeichnen

Die nach der Zeichnung (3-10) ermittelte Schrittzahl für die letzte Teilstrecke gibt an, wann die Kurslinie wieder erreicht ist.

3-10 *Umgehen mit Zeichnung, vgl. Wegaufnahme: Streckenzug (8.1.1)*

Mit GPS

In schwierigem Gelände oder für einen größeren Umweg gibt man als Wegpunkt die GPS-Koordinaten einer Stelle ein, die *auf der Kurslinie hinter dem Hindernis* liegt. Dann umgeht man nach Sicht, ohne sich um Schrittzahlen und Richtungswinkel zu kümmern. An geeignetem Ort ruft man die Standortkoordinaten auf und wählt ***GOTO*** zu dem gespeicherten

Wegpunkt. Den angezeigten Richtungswinkel stellt man am Kompass ein und geht weiter nach dem Kompass. Stößt man dabei auf ein neues Hindernis, wiederholt man den Vorgang.

3.2.5 Rückwärtspeilung

Solange der Ausgangspunkt sichtbar ist, können wir ohne die Einstellung zu verändern, auch rückwärts peilen, etwa um eine Abweichung – auf dem Wasser eine Versetzung – auszugleichen oder nach dem Umgehen wieder auf die Kurslinie zurückzukehren:

- Die Magnetnadel auf S (= 180°) einspielen lassen (nicht verstellen),
- seitwärts bewegen, bis der Ausgangspunkt in der Visierlinie liegt.

Hat man den Kompasskurs bisher sorgfältig eingehalten, findet man so auch zur letzten Raststelle zurück, falls dort etwas liegen geblieben ist.

Gegenrichtung einstellen. Die Gegenrichtung entspricht dem halben Vollkreis, bei der Gradeinteilung also ± 180°. Diese Gradzahl wird bei Kurswinkeln bis 180° dazugezählt, ab 180° abgezogen, denn der Kurs-

Gegenrichtung = Kurswinkel ± 180°

winkel kann nicht über 360° betragen.

Beispiel 1 Kurs 45° (Nordost), **Gegenkurs =** (45 + 180)° **= 225° (Südwest)**
Beispiel 2 Kurs = 270° (West), **Gegenkurs =** (270 – 180)° **= 90° (Ost)**

Gehen nach Karte und Kompass

- laufend Gelände und ***eingenordete*** Karte vergleichen
- klar zwischen Grob- und Feinorientierung unterscheiden
- sorgfältig messen, ablesen und einstellen
- Missweisung ausgleichen, Ablenkung ausschließen, Verkanten vermeiden
- lange Kompassstrecken durch Zwischenziele in Teilstrecken zerlegen
- Leit- und Auffanglinien nutzen
- bei Zielen an einer Auffanglinie deutlich daneben halten
- gleichmäßige Steigung anstreben
- Hindernisse rechtwinklig umgehen
- **und dann:** voll auf die Anzeige vertrauen – auch gegen den eigenen »Richtungssinn«

3.3 Besonderheiten

Hier geht es vorrangig um Orientierung. Das angemessene Verhalten bei landschaftstypischen Gefahren behandelt Eichler (9.7).

3.3.1 Gebirge

In den Bergen, jedenfalls im Hochgebirge, bleibt der Wanderer an das vorhandene Wegnetz gebunden; damit entfällt die freie Kurswahl. »Abkürzungen« verursachen einen großen Teil der Bergunfälle und beschleunigen die Erosion. Der Schrittzähler verliert an Wert, aber der Höhenmesser rückt neben oder vor den Kompass, denn damit werden auch Höhenlinien und geschätzte Zwischenwerte zu möglichen Stand-, Leit- oder Auffanglinien.

Die TK 25 ist vorzuziehen. (In Österreich ist sie nur eine Vergrößerung der amtlichen Ausgabe 1:50 000!) Aber die Höhenlinien der Karte vermitteln nur zusammen mit der geographischen Breite ein ungefähres Bild von dem, was einen erwartet: In Bolivien (Königskordillere) kann man in über 5000 m Höhe noch mit dem Auto fahren, in Lappland steht man 400 m ü. M. schon über der Baumgrenze. Bei 20 oder mehr Metern Äquidistanz geben die Höhenlinien keine zuverlässige Auskunft über die Kleinformen. Die Gehzeit wird mehr von der Steigung als von der Entfernung bestimmt. Steigung und Gehzeit ermittelt man nach 9.2.2.

Zu den landschaftstypischen Gefahren gehören Steinschlag unterhalb von Felswänden, Muren nach starken Niederschlägen, Lawinen ab etwa 30° Hangneigung (= 1,4 mm Abstand der Höhenlinien bei 1:25 000 und Äquidistanz 20 m) und unterhalb solcher Hänge.

Die Fernsicht erleichtert Standortbestimmungen, aber vielfach fallen die mittleren Entfernungen aus, und Nebel/Wolken können unvermittelt jede Sicht nehmen. Die Waldgrenze und die Krüppelholzgrenze (in Skandinavien die Nadelwald- und die Birkengrenze, 3-11) sowie die Ränder der Geröllflächen (1-05) sind auf guten Karten dargestellt und bieten Orientierungshilfen.

3-11 *An Bergflanken bietet die Baumgrenze Peilziele.*

Ein Bergrücken kann sich talwärts aufgliedern, Bäche verzweigen sich bergwärts. Falsche Wegwahl vermeidet man also eher, wenn man als Leitlinie bergauf einen Rücken, bergab einen Wasserlauf wählt.

Während der Schneeschmelze und nach Niederschlägen fließen in den Bergen mehr Bäche, als in der Karte dargestellt sind. Darum darf man den Standort nicht allein nach der Zahl der kreuzenden Bächen bestimmen.

Bei abschmelzenden ***Gletschern*** ist zu bedenken, dass neue top. Karten vielleicht für die Ränder und für das Ende der Zunge den veränderten Stand zeigen, aber nicht unbedingt auch für die blauen Höhenlinien.

In großen Höhen und auf Schneefeldern kann die verstärkte UV-Strahlung zu ***Schneeblindheit*** führen, die vielleicht erst nach Stunden bemerkt wird.

3.3.2 Wasser

Zum **Waten** eignen sich bei Wildbächen am besten Stellen mit mehreren Armen (3-06e), oder wo sich das Wasser kräuselt oder wo es schäumt, sonst ein gerader Abschnitt zwischen zwei Schlingen. Denn während ein Bach- oder Flussbett an den Prallhängen von der Strömung vertieft wird, ist zwischen Schlingen der Grund eher eben. Gletscherbäche und -flüsse haben den niedrigsten Wasserstand am Morgen. Eine Stelle, die man vormittags durchwatet hat, kann nachmittags unpassierbar sein.

Zum ***Wasserwandern*** in Küstennähe oder zwischen Schären eignet sich die TK 100 besser als die Seekarte. Obwohl es nahe läge, streckenweise Schifffahrtswegen zu folgen, ist davor zu warnen. Denn große Schiffe nehmen unser kleines Boot wahrscheinlich überhaupt nicht wahr. Sie sind sehr viel schneller als wir und ändern ihre Richtung fast ruckartig. So kann ein Schiff, das eben noch einen ganz anderen Kurs zu fahren schien, plötzlich genau auf einen zu halten. Äußerste Vorsicht ist darum auch beim Queren eines Fahrwassers geboten.

Bis man einige Erfahrungen gesammelt hat, wählt man am besten einen Kurs von Insel zu Insel, oder, einem Ufer folgend, von Nase zu Nase

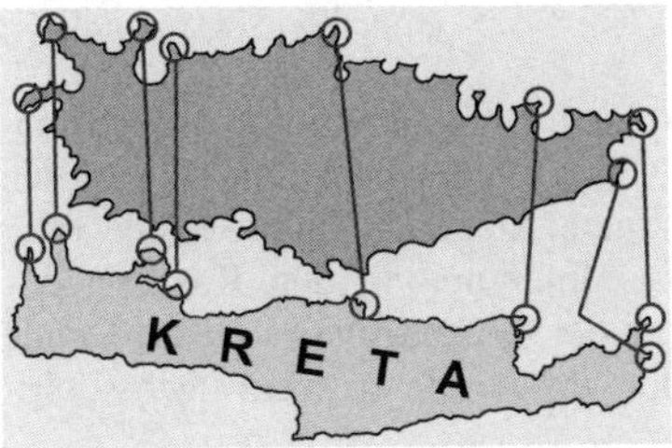

3-12 *Die alte türkische Kreta-Karte (oben) übertreibt die Landzungen und Buchten.*

(englisch *caping* von cape = Kap) und zeichnet die zurückgelegte Strecke laufend in die Karte ein.

Der Umriss der alten türkischen Karte von Kreta (3-12 oben) übertreibt die für die Küstennavigation wichtigen Merkmale. Bei dieser Karte des Piri Reis von 1526 deutet einiges darauf hin, dass sie vom Schiff aus für Seefahrer gezeichnet ist und dass die Teil- (Tages-?) strecken nachträglich ohne Rücksicht auf Ausrichtung und Maßstab zu einem geschlossen Inselumriss zusammengefügt wurden.

Ist die Entfernung von einer Insel zur nächsten größer als die Sichtweite, kann man zwar den Kurswinkel einhalten, indem man so steuert, dass die Nadel ständig auf N steht. Aber eine Versetzung durch Strom, Wind oder Wellen bleibt auf diese Weise unerkannt. Sie lässt sich ggf. durch Rückwärtspeilung (73) feststellen und ausgleichen. Sitzt man allein in einem Ruderboot, also mit dem Blick nach rückwärts, braucht man ein Richtziel, von dem man sich *entfernt*. Sicherer sind zwei Landmarken in Linie.

Sobald sich bei starkem Seitenwind die Versetzung nicht mehr durch Gegensteuern ausgleichen lässt, dreht sich das Boot langsam in den Wind, während man auf das Ziel zuhält. Man erreicht es dann vielleicht genau gegen den Wind. In dieser Lage bleibt man auf Sichtnavigation beschränkt und behält seine Insel fest im Blick, denn der Hintergrund verschiebt sich laufend, und der Kompass nutzt nichts mehr.

Bei Hoch- und bei Niedrigwasser entsprechen die Uferlinien nicht mehr dem Kartenbild. In beiden Fällen haben Flusswanderer mit Unterwasser-Hindernissen zu rechnen, wo normalerweise keine Gefahr besteht. In aufgestauten Seensystemen kann der Wasserstand unabhängig von Schneeschmelze und Niederschlägen schnell stark wechseln. Damit ändern sich die Uferlinien sowie der Umriss und die Zahl der Inseln.

Auf einem breiten Fluss ist die Orientierung leichter, wenn man sich an eines der Ufer hält.

3.3.3 Wald

Die Bedingungen in großen Wäldern unterscheiden sich nach Klimazone, Höhenstufen, Baumarten und Niederschlägen. »Undurchdringlich ist der Wald wirklich nur dort, wo genügend Licht eine dichte Kraut- oder Strauchschicht üppig wuchern lässt: immer nur an den Rändern des tropischen Tieflandregenwalds, entlang der Urwaldflüsse und am Rande von Lichtungen« (Eichler) – und dort, wo gerodeter Wald nachwächst (»Sekundärwald«).

Die Aussagen der top. Karten über dicht bewaldete Gebiete sind dürftig und stark verallgemeinert. Dargestellt wird nur, was Luft- oder Satellitenbilder zeigen. Neuere Luftbilder lassen jedenfalls den aktuellen Verlauf der Flussschlingen erkennen.

Alle Fernorientierung scheidet aus, und dichte Baumkronen versperren auch den Blick auf die Sonne und beeinträchtigen den ***GPS***-Empfang. An einem Flussufer oder in einer Lichtung können die empfangenen Satelliten immer noch ausreichen, um den Standort zu ermitteln und die örtliche Missweisung zu bestimmen (Teil 6).

Gestürzte Bäume und sumpfige Stellen hemmen das Fortkommen und erschweren das Einhalten des Kompasskurses. Durch erzwungene Umwege wird die Zeitschätzung unzuverlässig, und selbst auf Pfaden braucht man ein Mehrfaches der normalen Gehzeit.

3.3.4 Wüsten und Halbwüsten

Gemeinsames Merkmal ist, dass die Kartierung aus der Luft nicht durch Sichthindernisse beeinträchtigt war und dass – außer bei Hitzeflimmern oder Sandsturm – gute Fernsicht herrscht. Bei der Arbeit mit neuen, nach Luftbildern hergestellten Karten ist also Lage- und Höhentreue zu erwarten, freilich auch ein Mangel an Orientierungsmerkmalen, wegen der Pflanzenarmut sogar an Hilfszielen. Andererseits stehen Sonne und Sterne und – für ***GPS*** – der ganze Himmel fast jederzeit zur Verfügung. Da Größenvergleiche fehlen, werden Entfernungen zwei- bis dreifach unterschätzt.

Einige Dünenformen lassen die vorherrschende Windrichtung erkennen. Auch der Vogelflug kann zur Orientierung dienen. Denn abends suchen die Vögel die Wasserstellen auf, und auf dem Rückweg, sattgetrunken, fliegen sie schwerfälliger, und ihr Flügelschlag ist lauter.

Zum vernünftigen Verhalten gehört, reichlich Wasser mitzuführen, markierte Routen nicht zu verlassen und bei einer Panne beim (unterm) Fahrzeug zu bleiben.

3.3.5 Winter, arktische Gebiete

Bei Kälte arbeiten batteriebetriebene Geräte besser mit Lithium-Batterien. Und dicht am Körper (unter dem Anorak) getragen bleiben sie wärmer.

Schnee verringert die Zahl der Orientierungsmerkmale, denn Wege, Wegweiser, Markierungen und Bäche können darin verschwinden. Er verschleiert kleinere Höhenunterschiede und erschwert die Unterscheidung zwischen Lichtung, Fluss, Sumpf und See. Aber die Wegwahl ist freier als im Sommer, denn Sümpfe, Seen, Bäche, vielleicht auch Flüsse, werden begehbar, und hoher Schnee deckt hinderliches Buschwerk längs der Bäche und Flusstäler ab. Schneebrücken über Fließgewässer und Spalten sind stets Gefahrenstellen.

Entfernungen werden weit unterschätzt. Schneezustand und Steigungen wirken sich auf das Fortkommen stärker aus als bei Fußwanderungen, sodass das Gehtempo beim Skiwandern zwischen 2 und 15 km/h liegen kann. Winterwege, auch geräumte Straßen, verlaufen stellenweise anders als im Sommer, z. B. auf dem Eis von Flüssen und Seen; in Skiwanderkarten sind sie eingetragen. Die Tage – damit auch die Tagesstrecken – sind kurz, doch Schnee, Mond, Sterne und das Nordlicht erleichtern die Nachtorientierung.

Bei starkem Sonnenschein ist an die Gefährdung durch Schneeblindheit zu denken.

3.3.6 Geographische Breite und Sonnenstand

Vordrucke 9-02 bis 9-06

B = geographische Breite
D = Deklination der Sonne

Die Sonne ist die älteste Orientierungshilfe des Menschen. Darauf weist auch das Wort »orientieren«, denn Orient bedeutet – ebenso wie Levante – »Richtung der aufgehenden Sonne«. Die ältesten abendländischen Karten waren nach Osten (Jerusalem) ausgerichtet, die der Araber nach Süden. Erst mit dem Magnetkompass setzte sich die Ausrichtung nach Norden allgemein durch.

Wanderer nutzen die Sonne als Orientierungshilfe viel zu wenig, aus mehreren Gründen: Man glaubt, dazu sei eine besondere Ausbildung nötig; Nautisches Jahrbuch und die Rechenhilfen sind nicht allgemein zugänglich; viele Menschen kokettieren damit, dass sie »nichts von Mathematik verstehen«.

Wo diese Hindernisse wegfallen, gewinnt man wertvolle zusätzliche Möglichkeiten: die Missweisung nach der Sonne bestimmen, Tages- und Dämmerungslänge ermitteln, Beginn und Ende von Mitternachtssonne und Polarnacht finden, die Sonnenrichtung für jede Uhrzeit und jeden Ort der Welt ausrechnen. Sonnenhöhe und -richtung können die Wahl eines Zeltplatzes oder eines Fotostandorts mitentscheiden; wertvoll sind sie auch im Alltag, z. B. bei der Bauplanung und der Aufklärung von Verkehrsunfällen.

Jedenfalls sollten Tourenplanung und Orientierung auch die geographische Breite und den dadurch sehr unterschiedlichen Sonnenstand berücksichtigen. Unsere Erfahrungen mit der Sonne stammen ja aus mittleren Breiten, doch unsere Reisen führen uns in alle Weltgegenden. Dabei zeigt sich: **Jede allgemeine Aussage über den Sonnenstand ist falsch.** Brauchbar wird sie erst mit der Angabe von geographischer Breite, Datum und Ortszeit.

»*Die Sonne steht mittags im Süden*« gilt nur für ungefähr ein Viertel der Erdoberfläche ohne Einschränkung. »*Sie steht um 6 Uhr im Osten und um 18 Uhr im Westen*« trifft nur an zwei Tagen im Jahr für die ganze Erde zu, zur Tag- und Nachtgleiche. Dazwischen weicht sie je nach Breite und Jahreszeit davon ab. Weltweit gilt allein: »Geht die Sonne auf im Westen, musst du deinen Kompass testen.«

Nur um 12.00 Uhr und 24.00 Uhr **WOZ** (9.2.4) darf man seine Uhr nach der mit dem Kompass gemessenen Sonnenrichtung stellen.

Hohe Breiten

Der Polarstern steht sehr steil, ungünstig für die Orientierung, und zweimal täglich etwas weiter vom Himmelspol entfernt als in mittleren Breiten.

Am Magnetkompass wirkt sich die Inklination (35) stärker aus, und in Polnähe »taumelt« die Nadel, zeigt also die Richtung nicht mehr zuverlässig an. Hohe Breiten haben auch die höchsten Missweisungswerte, aber ebenso gibt es dort Gebiete ohne nennenswerte Missweisung, gegenwärtig beispielsweise Spitzbergen. Bei magnetischen Stürmen (Polarlicht!) kann die Magnetnadel um mehrere Grad abgelenkt werden.

Minutenfelder (5-06) und Zeitzonen sind deutlich schmaler als in mittleren Breiten, und die Grenzmeridiane der UTM-Zonen liegen dichter beieinander.

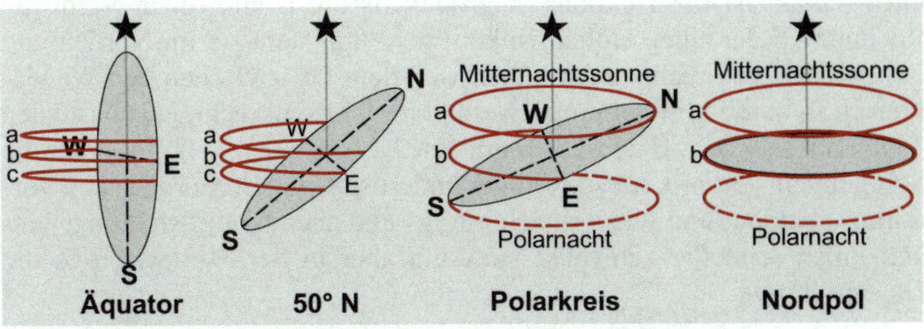

3-13 *Tagbogen der Sonne in verschiedenen Breiten (schematisch)*
graues Oval = Horizontebene
a/c) längster/kürzester Tag, b) Tag- und Nachtgleiche

Die Tageslänge wechselt stark nach der Jahreszeit. Jenseits des Polarkreises scheint in den Breiten und Zeiten, wo (B + D) größer ist als

90°, die Mitternachtssonne. Für 68° N trifft das in der Zeit zwischen 01.06. und 12.07 zu, denn in diesen Wochen liegt die Deklination der Sonne über 22° (9-01). Wenn in den Wintermonaten die Deklination kleiner ist als (B – 90°), bleibt die Sonne auch tagsüber unter dem Horizont. Auf 68° N herrscht also Polarnacht in der Zeit mit D < –22°, etwa vom 03.12. bis 10.01.

Das Wort »Polarnacht« weckt falsche Vorstellungen. Denn wegen der flachen Sonnenbahn dauert in hohen Breiten die Dämmerung im Winter stundenlang, und Schnee, Sterne, Mond und Polarlicht mildern die Dunkelheit.

Stundenwinkel und Sonnenrichtung stimmen polwärts immer besser überein. An den Polen wandert die Sonne waagerecht um den Horizont, mit der gleichmäßigen Winkelgeschwindigkeit von 15° in der Stunde (2.4.2).

Die dichter besiedelten Gebiete von Kanada liegen übrigens auf der Breite von Norddeutschland. Der Sonnenstand entspricht dort also den Verhältnissen bei uns, nur die klimatischen Bedingungen weichen ab.

Zwischen den Wendekreisen

Die Reiseliteratur unterscheidet vielfach nur »nördlich oder südlich des Äquators«. Für die Orientierung ist aber wichtig, ob die Mittagssonne im Norden oder Süden steht und in welcher Richtung sie sich bewegt.

Zwischen den Wendekreisen steht die Sonne an den Tagen im Süden, an denen ihre Deklination kleiner ist als die geographische Breite des Standorts (D < B, Vorzeichen beachten!). Dann bewegt sie sich von links nach rechts. Ist die Deklination größer als die Breite (oder ergibt die Rechnung 9.2.2 einen Höhenwinkel über 90°), steht sie im Norden und bewegt sich von rechts nach links. An jedem Ort zwischen den Wendekreisen steht die Mittagssonne zweimal im Jahr senkrecht, jeweils an den Tagen mit D = B, z. B. auf 15° S um den 3.11. und den 8.02. Je steiler die Sonnenbahn verläuft, umso weniger ändert sich in den Morgen- und Vormittagsstunden (und wieder nachmittags und abends) ihr Richtungswinkel; umso schneller schwenkt sie dann aber in der Mittagszeit in die Gegenrichtung.

Es ist, als wenn man einen fahrenden Zug beobachtet. Liegt die Bahnstrecke (Sonnenbahn) weit entfernt, dreht man den Kopf dabei ziemlich gleichmäßig. Steht man aber an der Bahnsteigkante, ändert der Zug beim Näherkommen (Vormittag) seine Richtung nicht. Während er an uns vorbeifährt (Mittag), wechselt die Fahrtrichtung schlagartig um 180°, und diese neue Richtung (Nachmittag) behält er bis zum Verschwinden bei.

Die einmal festgestellte Richtung des Sonnenaufgangs (9.2.4) ändert sich an den folgenden Tagen so langsam, dass die Abweichung noch zwei Wochen später oder hundert Kilometer nördlich oder südlich nicht mehr als 2° beträgt.

Die Dämmerung ist kurz, die Tageslänge liegt zwischen 11 und 13 Stunden.

Südhalbkugel

Im UTM-Gitter wachsen die Koordinatenzahlen wie auf der Nordhalbkugel nach rechts und nach oben; ebenso werden Rechtswert/Hochwert (= Ostwert/Nordwert) in dieser Reihenfolge genannt. Aber der Äquator hat auf den top. Karten der Südhalbkugel den Nordwert 10 000; die Entfernung vom Äquator ist dort also nicht gleich dem Nordwert (wie auf der Nordhalbkugel), sondern (10 000 – Nordwert) km.

Der Polarstern ist nicht mehr sichtbar, und man orientiert sich nachts – weniger genau – nach dem Kreuz des Südens (134). Wenn es senkrecht steht, liegt Süden genau darunter.

Das (rote) Nordende der Kompassnadel – das wird immer wieder gefragt – zeigt auch auf der Südhalbkugel nach Norden, aber einige andere Sachverhalte sind umgekehrt:

- Die ***geographische Breite*** wächst südwärts. Für alle Rechnungen bekommen südliche Breiten (wie auch westliche Längen) ein Minus-Vorzeichen. Im Gradnetz ist der Planzeiger spiegelverkehrt anzulegen.
- Die ***Gitterlinien*** neigen sich entgegengesetzt zur Nordhalbkugel westlich des Mittelmeridians nach rechts, ostwärts davon nach links (Meridiankonvergenz, 6.01).
- Die ***Mittagssonne*** steht im Norden, und die Sonne bewegt sich von rechts nach links (Ausnahmen zwischen den Wendekreisen, 80).
- Rechnungen zur Sonnenhöhe ergeben Winkel über 90°. Für den Höhenwinkel ist der errechnete Winkel von 180° abzuziehen.
- Die ***Mondsichel*** erscheint in jeder Mondphase spiegelverkehrt.
- Die ***Jahreszeiten*** sind vertauscht: Der Südsommer fällt in die Zeit des Nordwinters; unser Frühlingsanfang ist dort Herbstbeginn.

Sonst entsprechen Tageslänge und Sonnenstand auf der Südhalbkugel eher den Verhältnissen in Nordafrika, Süd- und Mitteleuropa, denn die Südkontinente reichen nicht weit polwärts: Kapstadt und der Süden von Neuseeland lägen »umgeklappt« auf der Breite des Mittelmeers, die Magellanstraße auf der Breite von Schottland und Südschweden.

3.3.7 Kinder

Kinder lernen den Umgang mit Orientierungshilfen am leichtesten, indem man sie auf Wanderungen – ihrem Alter entsprechend – an den Entscheidungen beteiligt und ihnen begrenzte Aufgaben stellt. Ihr tätiger Anteil kann darin bestehen, dass sie

- bei der Planung mitsprechen dürfen,
- zum eigenen Kompass auch eine (ggf. vergrößerte) Kartenkopie bekommen,
- ihr eigenes Gepäck und einen Teil der gemeinsamen Ausrüstung tragen (und sei es nur das Knäckebrot),
- das voraus liegende Wegstück nach der Karte beschreiben,
- bis zu vereinbarten Stellen allein vorausgehen dürfen,
- dabei Seitenpeilungen vornehmen (4-01),
- Höhenunterschiede ermitteln,
- nach der Karte und den eigenen Beobachtungen im Wandergelände Rast- und Zeltplätze aussuchen helfen und dabei beachten, was immer zu bedenken ist: Entfernung/Steigung/Zeit; zu erwartender Untergrund; Windrichtung/Sonnenstand; Trinkwasser/ Brennholz,
- für den Kartenmaßstab eine Maßstableiste zeichnen (1-12),
- auf einen Kilometer Kartenentfernung die Gehzeit/Schrittzahl für Ebene, Anstieg undAbstieg messen (67,69,176),
- Koordinaten aus der Karte herauslesen und in die Karte übertragen.

Zur Sicherheit gibt man jedem Kind eine Trillerpfeife und verabredet Signale (7.5.1).

3.4 Übungen

3.4.1 Bestimmen Sie im Übungsgitter mit dem Kompass den Kurswinkel
a) von 1 nach 6 b) von 4 nach 9 c) von 5 nach 2
d) von 7 nach 4 e) von 11 nach 12 f) von 10 nach 8.
Stehen Sie jedes Mal auf, wenn Sie einen Kurswinkel ermittelt haben, halten Sie den Kompass wie beschrieben (67) und suchen Sie sich einen Zielpunkt.

3.4.2 a) Kennzeichnen Sie abseits der Straße – am besten im lichten Wald – eine Stelle so, dass Sie sie zwar wiedererkennen, aber nicht von weitem sehen können. Gehen Sie von dort nach dem Kompass eine bestimmte Anzahl Schritte. Machen Sie dann – ohne an der Kompassdose zu drehen – eine Vierteldrehung nach rechts (= Nordende der Magnetnadel auf W) und legen Sie in dieser Richtung die gleiche Schrittzahl zurück. Gehen Sie in dieser Weise ein vollständiges Quadrat (Nordende der Nadel auf S, dann E, dann wieder N). Nach der vierten Teilstrecke sollten Sie

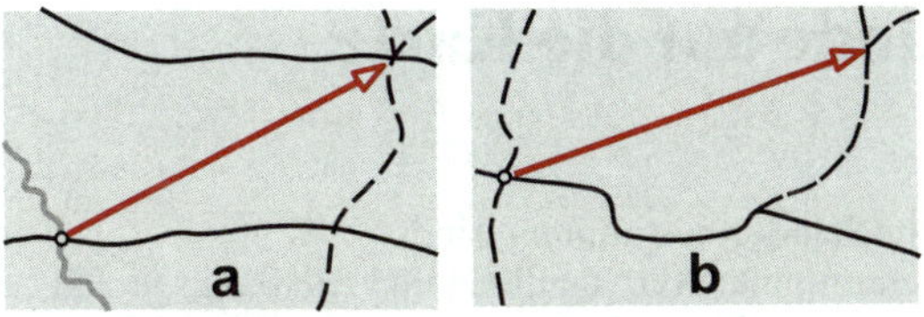

3-14 *zu Aufgabe 3.4.2 c*

wieder am Ausgangspunkt stehen. b) Wiederholen Sie die Aufgabe nach links mit einer deutlich größeren Schrittzahl.
b) Gehen Sie in der gleichen Weise ein gleichseitiges Dreieck. Lassen Sie dazu die Nadel für jede Drehung um ein Drittel des Vollkreises (= 120°) weiterwandern.
c) Gehen Sie in einem Wald mit parallelen Wegen nach dem Kompass von einem sicher bestimmten Punkt auf einem Weg (Abzweigung, Brücke, Wegknick) zu einem bestimmten Punkt auf dem parallelen Weg (3-14a). Berechnen und zählen Sie dabei die Schritte.

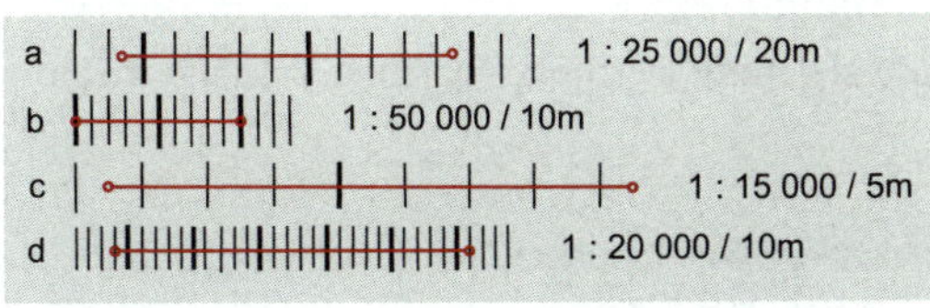

3-15 *zu Aufgabe 3.4.3*

d) Schneiden Sie im Wald bei einer größeren Wegbiegung mit Kompasshilfe den Bogen ab (3-14b). Berechnen und überprüfen Sie die Schrittzahl.
3.4.3 Berechnen Sie für die Höhenlinien in 3-15 die Steigungen in Prozent
3.4.4 Bei welchem mm-Abstand zwischen den Höhenlinien beträgt die Steigung ungefähr a) 10 % für Maßstab 1:50 000 und Äquidistanz 20 m,
b) 12 % für Maßstab 1:25 000 und Äquidistanz 10 m?
3.4.5 Welches ist die Gegenrichtung zu a) 86°; 216°, b) 1254^{-}; 4629^{-}
c) (schwedisch) 6210^{-}; 163^{-} d) 3180^{v}; 2630^{v}?

4. Vom Gelände auf die Karte

Kompassverfahren zur Standortbestimmung sind

- **Seitenpeilung** = Schnittpunkt von Standlinie und Richtungswinkel
- **Kreuzpeilung** = Schnittpunkt von Richtungswinkeln
- **Horizontalwinkel** = Gradunterschied zwischen Richtungswinkeln.
  Beim Horizontalwinkel spielt die Missweisung keine Rolle.

IM GELÄNDE

- Kompass mit Kurspfeil/Spiegel auf den Zielpunkt richten,
- Dose nach der Magnetnadel ausrichten, – dabei
  Nordmarke zum Nordende der Nadel

(ggf.) **Missweisung ausgleichen:** westliche abziehen, östliche zuzählen

AUF DER KARTE

- Kompass mit dem *Vorderende* an den Zielpunkt anlegen, dabei
  Nordmarke nach Kartennord,
  Dosengitter parallel zu den Nordlinien der Karte
- entlang der Anlegekante eine Linie zum Hinterende ziehen.

4.1 Landschaft und Karte vergleichen

Karte einnorden. Unterwegs wird die Karte – ohne Rücksicht auf die Schrift – eingenordet gehalten. *Grob eingenordet* ist eine top. Karte, wenn bei aufgelegtem Kompass das Nordende der Magnetnadel zum oberen Kartenrand weist.

Schrägsicht und Draufsicht. Bei geschlossenen Formen wie Waldstücken, Lichtungen, Seen, Inseln genügen oft Umriss und Ausrichtung, um sie zu bestimmen. Den fraglichen Kartenausschnitt findet man leichter, wenn man berücksichtigt, in welcher Weise sich die Landschaft bei Schrägsicht grundsätzlich von der Draufsicht des Kartenbildes unterscheidet:

- Der überblickte Geländeausschnitt erweitert sich nach hinten.
- Die seitlichen Begrenzungen aller Flächen sind verkürzt; die Flächen wirken also gestaucht.

- Wege und Flüsse, die auf den Beobachter zulaufen, wirken in der Ansicht stärker gewunden als auf der Karte.
- Querentfernungen werden zu groß, Längsentfernungen zu kurz geschätzt.
- Die Rückseite der Berge ist nicht einsehbar, bei hoch gelegenem Standort oft auch nicht das Gelände unmittelbar vor einem.
- Entfernte Berge liegen wahrscheinlich außerhalb des Kartenblatts.

Veränderte Landschaft. Selbst druckfrische Karten zeigen nie in allen Einzelheiten den gegenwärtigen Stand. Gletscher ziehen sich zurück oder stoßen vor, Hütten werden abgerissen oder neu gebaut, Wälder gerodet oder von Lawinen zerstört, Kahlflächen aufgeforstet, Moore trockengelegt. Seeufer verlanden, neue Forststraßen entstehen, unbenutzte Wege wachsen zu, Muren verschütten Bergwege. Staudämme, Liftanlagen und Feriendörfer verändern ganze Wandergebiete. Bei kleinen Bächen ist fraglich, ob sie ständig Wasser führen, also überhaupt auf der Karte dargestellt sind.

Mehrere Merkmale überprüfen. Kommen mehrere ähnliche Stellen als Standort infrage, werden die nicht zutreffenden ausgeschieden, z. B. nach näherer Umgebung, Untergrund, Entfernung/Zeit, Grobrichtung, Höhe, Richtung oder Verlauf der Standlinie:

- Kann ich nach der Gehzeit schon an dieser Stelle stehen?
- Verläuft der Weg wie in der Karte angegeben?
- Fließt der Bach in die angegebene Richtung?
- Hat die Lichtung, das Waldstück, der See die Form wie auf der Karte?
- Passt die Firstrichtung des Gebäudes?
- Bestätigt der Höhenmesser die Höhenangabe der Karte?
- Treffen Fallrichtung/Neigungswinkel des Geländes zu?
- Stimmt die Richtung zu allen sichtbaren entfernten Punkten?
- Entspricht der Untergrund (Fels, Geröll, Sand, Sumpf, Lava) der Kartenangabe?

4.2 Standlinie

Den Weg laufend auf der Karte zu verfolgen, ist einfacher, als fallweise den Standort zu bestimmen. Dazu sucht man sich Stand-, Leit- und Auffanglinien (63) in Karte und Gelände. Sie sind zahlreicher und lassen sich vielfältiger nutzen, als ein Ungeübter erwartet.

Im einfachsten Fall bewegen wir uns auf einer Standlinie, unsere Karte hat Nordlinien, wir erkennen Peilziele, und die Missweisung ist bekannt.

Wie wir uns in einem Ort nach Geschäften, Kirchen, Denkmälern, Querstraßen, Plätzen und Brücken orientieren, lesen wir im Gelände aus der Karte heraus, was in welcher Reihenfolge auf welcher Straßenseite zu erwarten ist.

4.2.1 Standlinie und Höhe

Auf einer steigenden oder fallenden Standlinie genügt die Höhenanzeige allein, ohne Fernsicht oder Kompass. Zumindest wird klar, auf welchem Weg*abschnitt* der Standort liegen muss und welche Teilstrecken ausscheiden. Das Ergebnis ist so zuverlässig wie die Höhenmessung. Auch *Richtung* (4.2.3.2) und *Verlauf* (4.2.3.4) einer Höhenlinie und der *Neigungswinkel* des Geländes eignen sich als Unterscheidungsmerkmale.

4.2.2 Standlinie und Entfernung

Wenn Schrittlänge oder Gehtempo nach den Erfahrungen unter ähnlichen Bedingungen angesetzt und die Zeit oder die Schrittzahl seit dem letzten sicheren Standort in die Weglänge verwandelt ist (67), lässt sich die zurückgelegte Strecke auf der Standlinie abtragen. Bei einer gekrümmten Standlinie dient dazu ein Zirkel oder ein Papierstreifen.

4.2.3 Standlinie und Richtung

1. Seitenpeilung, Fallbeispiele. Bei Fernsicht genügt ein Geländewinkel zu einem seitlich liegenden, auch auf der Karte dargestellten Punkt. Fallbeispiele bietet 4-01. Als Standlinie für die Seitenpeilung eignet sich auch eine Höhenlinie.

- Den Geländewinkel messen und ggf. die Missweisung ausgleichen
- auf der Karte den Kompass eingenordet mit dem *Vorderende* der Anlegekante an den Zielpunkt anlegen.

Standort ist der Schnittpunkt von Anlegekante und Standlinie.

Liegt ein möglicher Zielpunkt bereits auf dem Anschlussblatt, legt man eine transparente Leerkarte (119) auf oder berechnet den Kurswinkel aus den Gitterkoordinaten (115).

2. Richtung der Standlinie. Auf jedem geraden Abschnitt einer Standlinie ergibt sich der Standort aus ihrer Richtung. Dieses Verfahren ver-

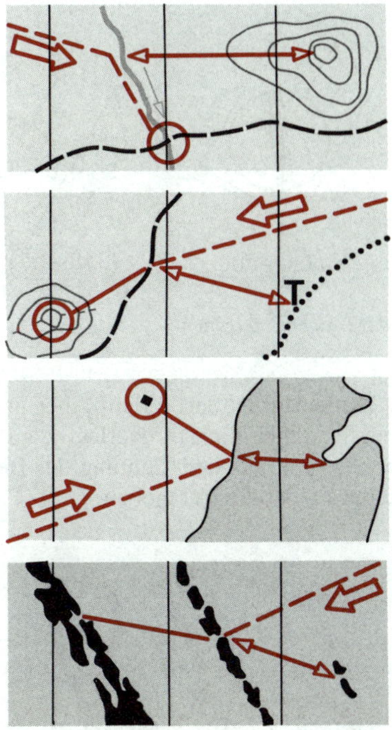

*a) Standlinie: Bach,
Geländepunkt: Kuppe,
Brücke und Pfad also
bachabwärts*

*b) Standlinie: Weg,
Geländepunkt: Hochsitz
Buckel also südwestlich*

*c) Standlinie: Seeufer,
Geländepunkt: Landzunge,
Hütte also nordwestlich*

*d) Standlinie: Inselkette,
Geländepunkt: zwei kleine Inseln
davor,
nächste Durchfahrt also
nordwestlich*

***4-01** Seitenpeilung: Fallbeispiele*

langt keine Fernsicht und taugt darum auch für eine Wegspinne mitten im Wald.

- Den Geländewinkel des Teilstücks messen und ggf. die Missweisung ausgleichen.
- Auf der Karte den Kompass eingenordet mit einer *Anlegekante* an das Teilstück anlegen.

Wenn die Vermutung zutrifft, verlaufen Dosen- und Kartengitter parallel.

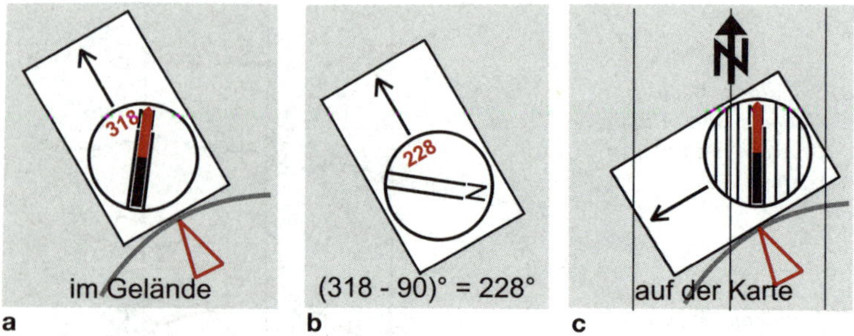

4-02 Tangente zeichnen

3. Tangente. Ist der Verlauf einer gekrümmten Standlinie (Weg, Fluss, Seeufer, Höhenlinie) zuverlässig auf der Karte dargestellt, kann sich der Standort aus der Richtung der Berührungsgeraden (= Tangente, lat. *tangere* – berühren) ergeben.

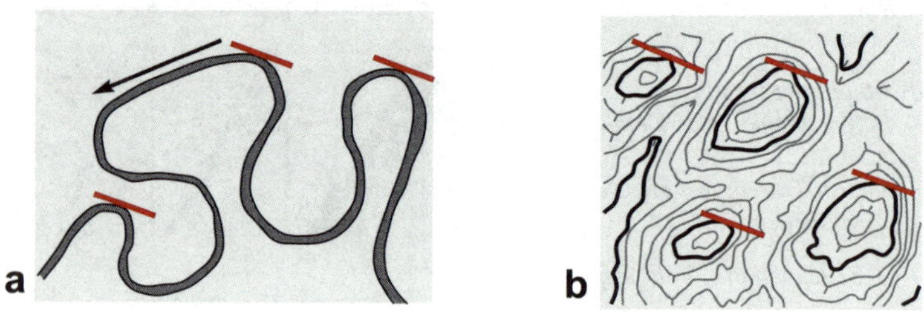

4-03 Tangenten als mögliche Standorte a) Flussschlinge, b) Höhenlinie

- Den Geländewinkel von der Biegung nach außen messen (4-03a), bei einer Höhenkurve in Fallrichtung.
- Die Einstellung um 90° vergrößern oder verkleinern (4-03b) und ggf. die Missweisung ausgleichen.
- Den Kompass eingenordet auf die Karte auflegen und in dieser Stellung verschieben. Überall wo die Anlegekante die Standlinie in einem Punkt berührt, also die Tangente bildet, einen kurzen Strich ziehen.
- Das Kartenbild um jeden Berührungspunkt mit der Umgebung vergleichen und die nicht zutreffenden Stellen ausschließen (4-03).

Dabei beschränkt man sich nicht auf einen engen Kartenausschnitt und klammert sich nicht an Einzelheiten, sondern beurteilt das Gesamtbild. Wer das Suchgebiet zu eng fasst und sich, nur um die Ungewissheit zu beenden, für eine Stelle entscheidet, die nur halbwegs passt, wird scheitern.

4. Verlauf der Standlinie. Das Verfahren entspricht der Wegaufnahme (8.1) und eignet sich für alle Arten von gekrümmten Standlinien. Beim Flusswandern erlauben bewaldete und steile Ufer keine Seitenpeilung, und in unerschlossenen Gegenden fehlen Brücken und Freileitungen als Auffanglinien. Doch Flüsse im Naturzustand bilden kräftige Schlingen, die man beim Fahren mitzeichnen und dann mit Karte oder Luftbild vergleichen kann. Auf breiten Flüssen folgt man einem der beiden Ufer. Die Missweisung darf hier vernachlässigt werden.

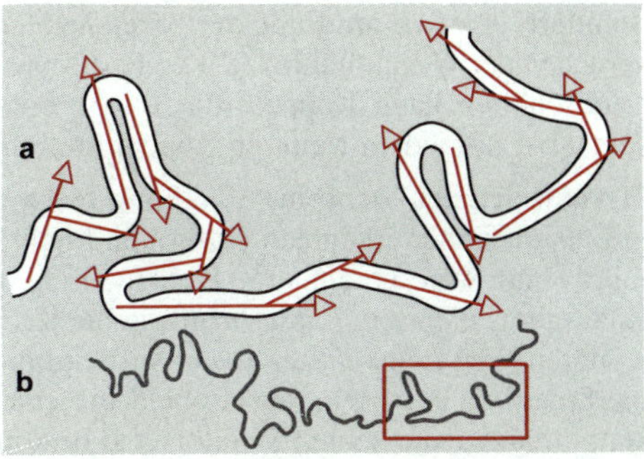

4-04 *Verlauf der Standlinie*
a) unterwegs mitzeichnen
b) Fluss- oder Wegabschnitt auf Karte/Luftbild suchen

Aufnehmen
- Auf dem Blatt senkrecht parallele Linien in 2 cm Abstand und einen Nordpfeil zeichnen,
- Kompass in Fahrtrichtung legen oder halten,
- Bögen/Schlingen in gerade Teilstrecken zerlegen; die Länge der Teilstrecken schätzen oder Schritte/Paddelschläge zählen

Zeichnen
- für jede Teilstrecke die Dose nach der Nadel ausrichten.
- Das Dosengitter an das Kartengitter anlegen und den Richtungswinkel in das Blatt übertragen.
- Die Entfernung auf der Linie abtragen.
- Enge Kurven freihändig zeichnen.

*

Nach meinen Erfahrungen im Amazonasgebiet genügt es für einen guten Schlaf, abends vor dem Anlegen nur die letzten paar Schlingen auf Papier festzuhalten. Schon am zweiten Tag weiß man ungefähr, in welchem Abstand vom letzten Zeltplatz man auf der Karte zu suchen hat. GPS gab es noch nicht, und es hätte auch nichts geholfen, denn unsere »Karte« zeigte lediglich die Flussschlingen; sie war nämlich nach Luftbildern auf Transparentpapier hochgezeichnet.

5. Eingezeichnete Kurslinie. Auch der eingezeichnete, sauber eingehaltene Kompasskurs kann als eine Standlinie dienen. Sie muss also weder im Gelände sichtbar noch in der Karte dargestellt sein. Den Standort ergeben dann Auffanglinie oder Seitenpeilung, und es wird deutlicher, *was auf welcher Seite* der Kurslinie zu erwarten ist.

6. Koppeln. Hat man für jede Teilstrecke die Richtung und die (gemessene oder geschätzte) Entfernung in die Karte eingezeichnet, liegt der Standort *ungefähr* am Ende der gezeichneten Linie. Die Handgriffe entsprechen der Wegaufnahme (8.1). Für offenes Wasser und merkmalsarme Landschaften kann Koppeln das einzig brauchbare Kompassverfahren sein, aber mit jedem weiteren Koppelort nimmt die Genauigkeit ab.

7. Ausweichziel. Wer seine Standlinie verloren hat, schafft sich eine neue mit *einem* sicher erkannten entfernten Punkt (Berg, See, Flussschleife – mit zweien wäre bereits eine Kreuzpeilung möglich): Man zeichnet die Richtung *von diesem Punkt zurück* in die Karte ein und prüft, ob auf dem weiteren Weg *längs dieser Linie* Auffanglinien oder brauchbare Einzelmerkmale zu erwarten sind. Sobald die erste solche Stelle erreicht ist, kennt man wieder seinen Standort und bestimmt von dort aus den neuen Kurswinkel. Bietet die eingezeichnete Linie keine solche Hilfe, geht man bis zum Ausweichziel weiter und misst von dort den nächsten Kurswinkel.

4.3 Kreuzpeilung (Zeichnung auf der Karte)

Das Ergebnis ist wegen unvermeidlicher kleiner Fehler beim Peilen und Zeichnen nicht annähernd so zuverlässig wie ein GPS-Standort (4-05). Am genauesten wird es, wenn die Peilziele nahe liegen und die Peilrichtungen sich möglichst rechtwinklig schneiden.

4.3.1 Zwei Richtungswinkel

Ohne Standlinie braucht man mindestens zwei Peilrichtungen. Die erste wird in die Karte eingezeichnet. Bei der zweiten genügt es festzustellen, wo die Anlegekante die gezeichnete Linie schneidet. Dort oder dicht dabei liegt der Standort.

4.3.2 Drei Richtungen (Zeichnung auf Transparentpapier) (4-07)

Fehlerdreieck. Es steigert die Sicherheit, wenn man ein drittes Peilziel misst. Fast immer ergibt sich dann ein Fehlerdreieck. Sind seine Seiten nur wenige Millimeter lang, kann man die Mitte als Standort annehmen; sonst misst man besser neu.

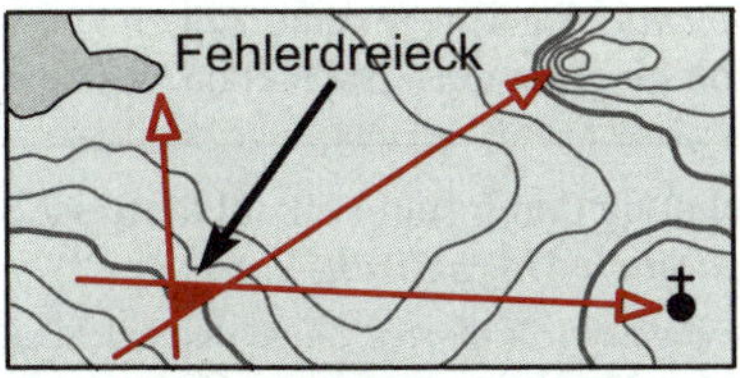

4-05 *Fehlerdreieck durch ungenaues Messen oder Zeichnen.*

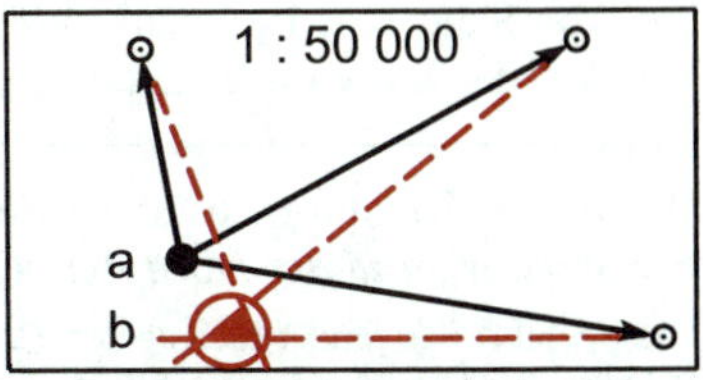

4-06 *Bei Missweisung (rot) kann der wahre Standort weit außerhalb des Fehlerdreiecks liegen.*

Abb. 4-06 zeigt, wie sich 10° Missweisung auswirken können: Auf einer TK 50 wären die Peilziele keine 2 km entfernt, und doch läge der wahre Standort rund 300 m außerhalb des Fehlerdreiecks.

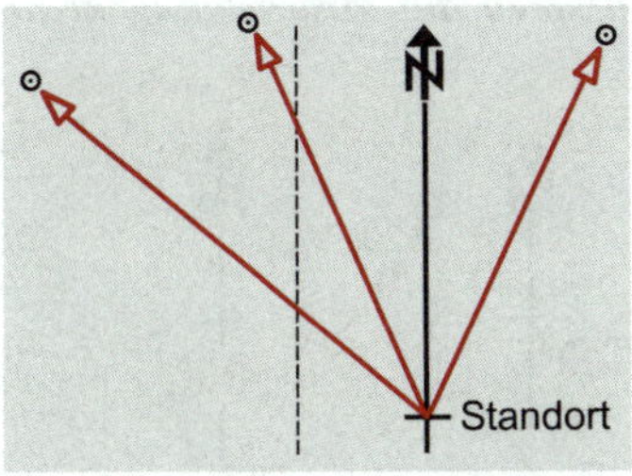

4-07 *Die unterbrochene Hilfslinie braucht man, um Richtungen nahe der Nord- oder Südrichtung einzuzeichnen.*

- Auf Transparentpapier einen langen Nordpfeil zeichnen und in 2 cm Abstand eine Hilfslinie ziehen.
- Mit einem Querstrich den angenommenen Standort (S) festlegen.
- Drei Geländewinkel messen und auf der Zeichnung jedes Mal den Kompass eingenordet mit dem *Hinterende* der Anlegekante an S anlegen.
- Von S aus eine Linie zum *Vorderende* der Anlegekante ziehen
- Auf der Karte die Zeichnung grob eingenordet verschieben.

Wenn jeder Richtungsstrahl der Zeichnung durch sein Peilziel läuft, ist S der Standort, ***und der Nordpfeil weist nach Magnetisch-Nord***.

Die Seefahrt verwendet hierfür den *Doppelwinkeltransporteur*, eine durchsichtige Scheibe mit Gradeinteilung und drei um den Mittelpunkt drehbaren Linealen, die man auf die drei Richtungswinkel einstellt.

4.4 Horizontalwinkel

Horizontalwinkel heißt der *waagerecht* gemessene ***Gradunterschied zwischen zwei Richtungswinkeln*** (4-08). Er eignet sich auch für und Karten ohne Angaben zu Gradnetz oder Gitter, für Straßenkarten, Stadtpläne und Luftbilder. ***Denn für Horizontalwinkel spielt die Missweisung keine Rolle.***

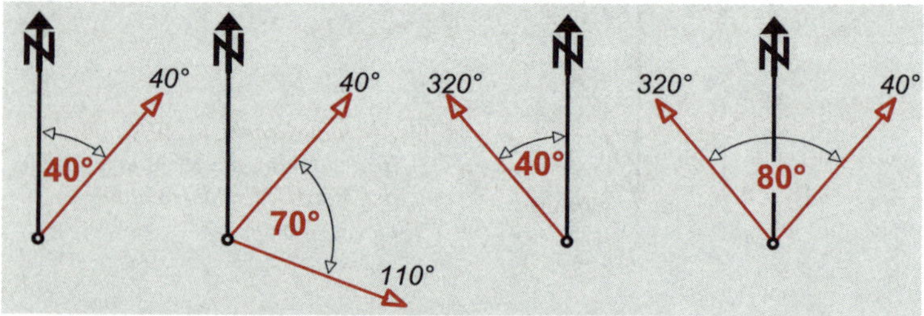

4-08 *Horizontalwinkel aus Richtungswinkeln*

4.4.1 Ein Horizontalwinkel: Standkreis

Zwei Kompasspeilungen (= ein Horizontalwinkel) ergeben nur einen Stand*kreis*. Er genügt, wenn man andere Punkte auf dem Kreis als Standorte ausschließen kann. Bei Inseln ist das selten schwierig. Auf dem

Land stellt man sich zum Peilen am besten gleich so auf, dass der (mögliche) Standort auf der Karte dargestellt ist (Bach- oder Weggabel, Kuppe, Sattel).

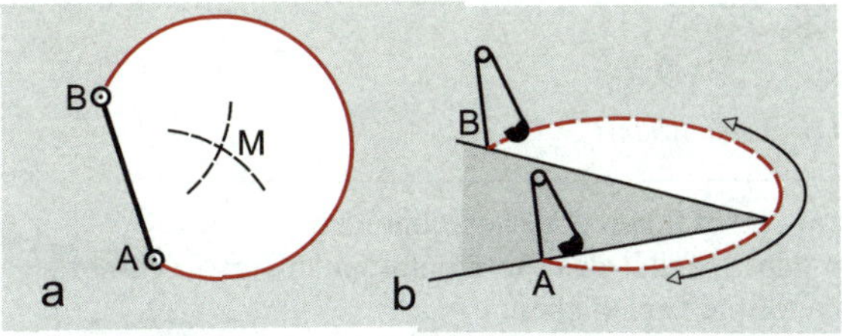

4-09 Standkreis
a) mit Taschenrechner und Zirkel
b) Horizontalwinkel gefaltet oder ausgeschnitten

1. Rechnerisch (Taschenrechner und Zirkel, 4-09 a)
Einen Standkreis erhält man aus zwei Peilungen mit einer Rechnung und drei Zirkelschlägen mit derselben Einstellung:

- Kartenentfernung zwischen den beiden Peilzielen (AB) messen
- aus den beiden Geländewinkeln den Horizontalwinkel bilden (4.08)
- Kreise um A und B schlagen mit

Radius = Kartenabstand AB : 2 x sin (Horizontalwinkel)

Standkreis ist der Kreis um M durch A und B

Wenn der Horizontalwinkel über 90° groß ist, liegt der Mittelpunkt des Standkreises jenseits von AB.

2. Aus Papier gefaltet (4-09b)

- Den Horizontalwinkel falten.
- Den Papierwinkel so zwischen A und B drehen, dass stets beide Winkelschenkel an den Nadeln anliegen.
- Lage des Scheitels punktweise einzeichnen.

Die Spitze (= der Winkelscheitel) beschreibt den Standkreis.

3. Auf Transparentpapier (4-10). Wenn eine Seitenpeilung die Standlinie in einem zu spitzen Winkel schneidet, bildet sie vielleicht mit einer zweiten, für sich allein ebenfalls ungeeigneten, einen Horizontalwinkel. Das Verfahren eignet sich auch für die Rückwärtspeilung (80).

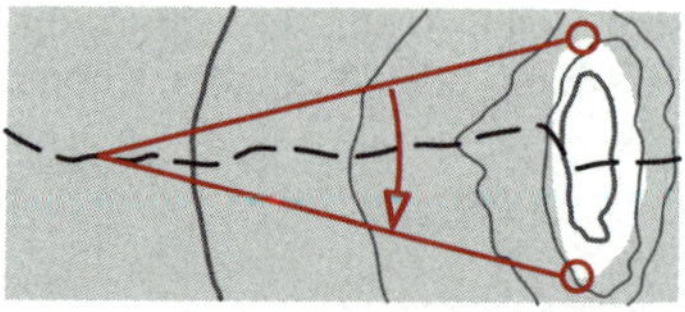

4-10 Standlinie und Horizontalwinkel

- Den Horizontalwinkel falten oder ausschneiden.
- auf der Karte den Scheitel des Horizontalwinkels grob einnordet entlang der Standlinie verschieben.

Der Standort liegt im Winkelscheitel auf der Standlinie, wenn beide Winkelschenkel durch die Peilzeile laufen.

4.4.2 Zwei Horizontalwinkel: Standort

(Taschenrechner und Zirkel, Zeichnung in der Karte oder auf Transparentpapier, 4-11)

Drei Peilziele ergeben zwei Standkreise wie in 4.1.1.1, und mit je drei Zirkelschlägen mit demselben Radius den **Standort im Schnittpunkt**

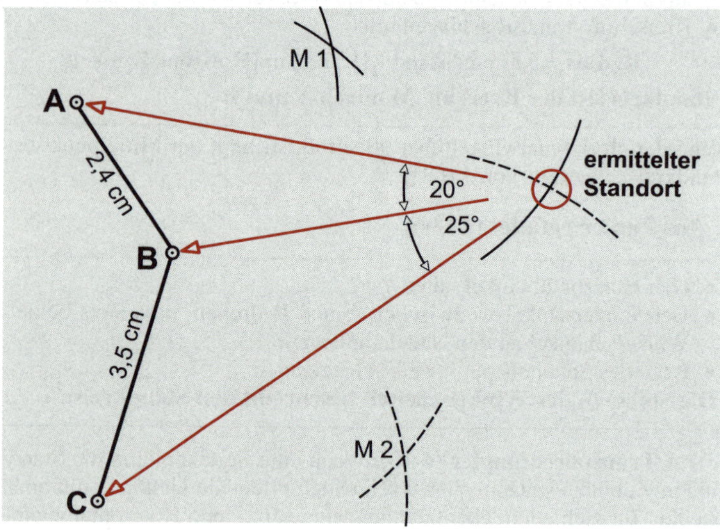

4-11 Zwei Horizontalwinkel

der Kreise um M1 und M2. Auch hier gilt: Wenn ein Horizontalwinkel größer ist als 90°, liegt der Mittelpunkt seines Standkreises jenseits der Verbindungslinie der beiden Peilziele.

Beispiel (4-11)

1. AB = 2,4 cm, Horizontalwinkel = 20°
   Radius 1 = 2,4 : (2 × sin 20°) = 3,5 cm
   Kreise mit Radius 3,5 cm um A und B und um den Schnittpunkt M1
2. BC = 3,5 cm, Horizontalwinkel = 25°
   Radius 2 = 3,5 : (2 × sin 25°) = 4,14 cm
   Kreise mit Radius 4,14 cm um B und C und um den Schnittpunkt M2

Standort ist der Schnittpunkt der Kreise um M1 und M2.

4.4.3 Standort aus unbekannten Landmarken

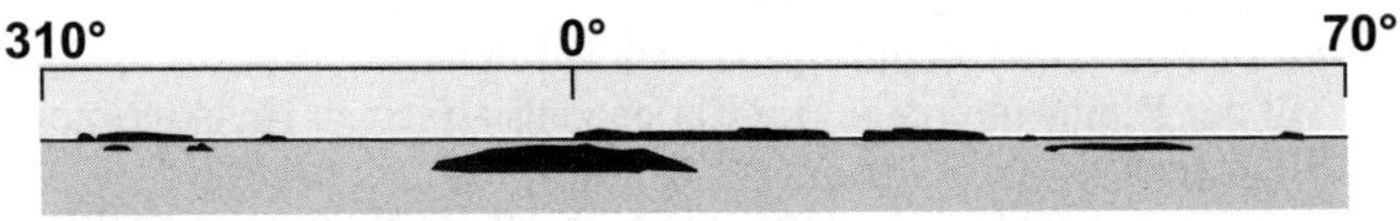

4-12 *Inseln und Inselgruppen, Standort unbekannt*

Zwischen Inseln verirrt, sieht man zwar viele mögliche Peilziele, kann sie aber nicht zuordnen. Dann – und in vergleichbarer Lage auf dem Land – führt systematisches Vorgehen schneller zum Erfolg als planloses Probieren.

Wie leicht der Fall eintreten kann, weiß jeder, der einmal zwischen Schären gepaddelt ist: falsche Missweisung eingestellt (vielleicht in ein Gebiet mit magnetischer Störung eingefahren), der Kompass abgelenkt (Kamera unter der Spritzdecke!), eine Versetzung nicht erkannt, das eigene Tempo falsch geschätzt, zu lange nicht auf die Karte geschaut, – und schon gelingt es nicht mehr, die Inseln ringsherum ins Kartenbild einzuordnen. Dann braucht man ein Verfahren, bei dem sich die Missweisung nicht auswirkt, und ein bisschen Zeit – aber jedenfalls weniger als (z. B.) für den Weg um eine größere Insel, um sie an ihrem Umriss zu erkennen.

In solchen Fällen beschränkt man sich nicht auf drei Richtungen, sondern bezieht alle sichtbaren Landmarken ein. Mit dem Boot legt man dazu an und sucht sich eine erhöhte Stelle. Denn so lassen sich Inseln und Inselgruppen, die vom Boot aus nur Striche sind, nach Größe, Form und Entfernung besser unterscheiden.

Die Grenzlinie zwischen Wasser und Luft ist die Kimm. Der *senkrechte* Abstand des Auges eines Beobachters von der Wasseroberfläche heißt Augeshöhe. Vom Boot aus, also bei knapp 1 m Augeshöhe, ist die Kimm keine 4 km entfernt; aus 5 m Höhe schon mehr als doppelt so weit.

Alle noch weiter entfernten Inseln liegen scheinbar auf der Kimm (5-14) oder werden durch die Erdkrümmung verdeckt.

Augeshöhe [m] = Höhe [m] des Standorts über Wasser + Augenhöhe
Kimmentfernung [km] = 3,84 x $\sqrt{\text{Augeshöhe}}$ [m]

Beispiel Höhe des Standorts = 20 m ü. M., Augenhöhe im Stand = 1,7 m
Augeshöhe = 20 + 1,7 m
Kimmentfernung = 3,84 · $\sqrt{(21,7)}$ = **17,9 km**

Messen, Zeichnen, Suchen (4-13)

- Auf Transparentpapier den Nordpfeil zeichnen und darauf den Standort (S) festlegen
- parallel in 2 cm Abstand eine Hilfslinie zeichnen
- Mit der Kimmentfernung (im Kartenmaßstab) einen Halbkreis um S schlagen
- für jede Insel und Inselgruppe innerhalb des Halbkreises den linken und den rechten Rand peilen.
- zum Einzeichnen jedes Mal den Kompass eingenordet mit dem *Hinterende* der Anlegekante an S anlegen und von S aus eine Linie zum Vorderende ziehen.
- zwischen den Begrenzungslinien für jede Insel die relative Entfernung andeuten

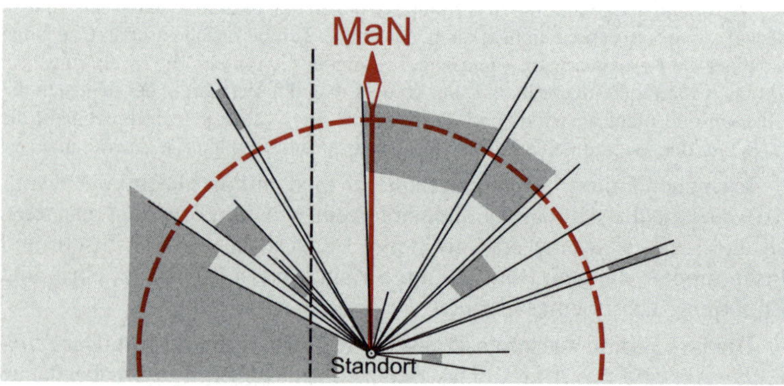

4-13 *Horizontalwinkel und Kimmentfernung (Zeichnung auf Transparentpapier, Standort wie 4-12)*

Auf der Karte wird dann die Zeichnung – grob eingenordet – von einem Gitterquadrat oder Minutenfeld zum nächsten verschoben. Wenn alle gepeilten Inseln genau zwischen ihre Richtungsstrahlen passen, liegt der Standort bei S (4-13), ***und der Nordpfeil weist nach Magnetisch-Nord***.

Die Zeichnung dauert nur Minuten, das Suchen geht noch schneller. Das Verfahren versagt, wo es mehr Land als Wasser gibt, z.B. in einer Deltamündung. Dann bestimmt man entweder eine Insel nach ihrem Umriss oder sucht den Standort mit GPS.

4.5 Entfernte Punkte bestimmen

Einen entfernten Punkt, der von *einem* Standort aus nicht sicher bestimmbar ist, misst man noch einmal von einem zweiten Standort aus. Unbekannte Missweisung verlangt drei Standorte.

Hier peilt man also nicht – wie bei der Kreuzpeilung – erkannte Punkte vom gesuchten Standort aus, sondern den gesuchten Punkt von mehreren bekannten Standorten.

- Den Kompass, mit der Nordmarke nach oben, auf die Karte auflegen
- Den Kompass in dieser Lage verschieben, bisdas Hinterende am bekannten Standort anliegt, *Dosen- und Kartengitter* dabei parallel
- Eine Linie zum Vorderende ziehen und ggf. verlängern.

Wer die Messungen erst später zeichnen und auswerten will, auf einer Karte kleineren Maßstabs oder einer Leerkarte, hält im Gelände die Koordinaten der Peilstandorte und die gemessenen Richtungen fest.

Der Versuch, bei guter Fernsicht während der Gipfelrast entfernte Berge nach der Karte zu bestimmen, scheitert meist daran, dass sie weit außerhalb des Kartenblatts liegen. Die Aufgabe löst man dann mit Horizontalwinkeln auf Transparentpapier und anschließend auf einer Karte kleineren Maßstabs. Als Bezugsrichtung dient die Richtung zu einem erkannten Peilziel *auf diesem Kartenblatt*.

4.6 Eine Stelle wiederfinden

Legt man vor dem Abstecher auf einen Berg seinen Rucksack ab, wird man die Stelle in die Karte einzeichnen. Aber zum Wiederfinden ist dann immer noch Feinorientierung nötig. Dazu kann man unterschiedlich vorgehen:

- die Stelle **weithin sichtbar** markieren oder
- von einem nahe gelegenen auffälligen Geländepunkt aus **Richtung und Schrittzahl** ermitteln und aufschreiben oder
- planmäßig suchen (152) oder
- den **GPS-Standort** speichern und auf dem Rückweg diesen Wegpunkt mit GOTO aufrufen oder
- ein auf »Senden« gestelltes **LVS-Gerät** zurücklassen und sich auf dem Rückweg von einem auf »Suchen« gestellten zweiten Gerät an die Stelle führen lassen.

  Dieses Suchverfahren kann lebensrettend sein, wenn beim Rückweg von einer Tour Zelt oder Iglu zugeschneit oder vom Nebel verschluckt sind. Mit frischen Batterien arbeitet ein digitales Gerät bis zu 300 Stunden, wird im Umkreis bis zu 80 m empfangen und führt metergenau ins Ziel.

4.7 Geographische Namen

Beschreibende Ortsnamen bieten ebenfalls Orientierungshilfen. In Deutschland stammen sie vielfach aus Dialekten.

Beispiele aus deutschsprachigen Karten sind im **Norden** Fehn, Groden oder Groen, Kamp, Koog, Polder, Werft oder Wurt, im **Süden** Allmend, Alm oder Alp, Au, Boden, Bruch, Bühl, Egg, Firn, Fluh oder Flühe, Joch, Kar, Kees, Klamm, Matte, Moos, Reute, Schlag, Schrofen, Schwend.

In einigen Wandergebieten West- und Nordeuropas stammen die Namen aus Sprachen, die den meisten von uns und manchmal sogar den heutigen Bewohnern nicht vertraut sind: Isländisch, Gälisch, Walisisch, Norwegisch, Schwedisch, Finnisch und Samisch. Es lohnt sich, Namensteile in den Wörterlisten aufzusuchen, die im Rand von Wanderkarten oder in guten Wanderführern zusammengestellt sind.

Beispiele. ***Isländisch*** »hraun« für Lava, Lavafeld sagt etwas über den Boden aus, und den Namen für warme Quellen kann man sogar die Wassertemperatur entnehmen: »hver« ist heiß, »laug« warm. Da Island heute fast waldlos ist, beschreiben Namen auf *-holt*, *-mark*, und *-skógur* (Wald) meist einen älteren Zustand. Auch mancher *-jökull* (Gletscher) ist seit der Landnahmezeit abgeschmolzen. In ***Wales*** weisen Ortsnamen mit *-llan* auf Kirchen hin, *coed* ist Wald, *bryn* ein Hügel oder kleiner Wald. In Schottland ist *glen* ein Tal, *loch* ein See, *ben* oder *beinn* ein Berg. ***Norwegisch*** *-tind* heißt Zinne, *-seter* Alm/Alp und *bre* Gletscher. ***Finnisch*** *-kallio* weist auf nackten Fels hin, ein Berg auf *-vaara* ist bewaldet, ein *-tun-*

turi ragt über die Baumgrenze hinaus. In ***Lappland*** ist *-vagge* ein breites U-Tal, *-kårsa* und *-kuru* eine canyonartige Schlucht. *Koski/köngäs* bezeichnen Stromschnelle/Wasserfall. *Pakte* ist eine steile, unbegehbare Felswand, *-tjåkka* ein hoher Berg, *-jåkka* hingegen ein Fluss, den man vielleicht noch durchwaten kann. Endet der Name auf *-ätno*, braucht man an Waten nicht zu denken.

Wer solche Namen deuten kann, erkennt manche Stelle auch ohne Kompasspeilung, ist vor groben Irrtümern besser geschützt als ein Unkundiger und merkt sich die Namen leichter.

Andererseits gehört die **Namengebung** zu den vordringlichen Aufgaben, wenn man sich mit einer Gruppe länger an einer Stelle aufhält. Beschreibende Ortsnamen prägen sich leichter ein, aber auch *Ereignisnamen* sind brauchbar, wenn man sich darüber verständigt hat. Mancher Name im Atlas spiegelt nur den Zeitpunkt der »Entdeckung« oder den Eindruck, den die ersten Weißen erhielten: *Osterinsel, Natal* (Weihnachten), *Rio de Janeiro* (Januarfluss); *Pazifik* (»Stiller« Ozean), *Sierra Leone* (»Löwengebrüll« der Brandung).

4.8 Übungen *(Übungsgitter)*

4.8.1 (9-09) Wo stehen Sie? Ihre Standlinie verläuft durch die Punkte 2, 5, 9,14, 17, 24 und 26. Bei Nadelabweichung +10° ist der Geländewinkel
a) 114° für Punkt 11
b) 240° für Punkt 8
c) 267° für Punkt 15 .
4.8.2 (9-09) Wo stehen Sie? Bei Nadelabweichung –5° ist der Geländewinkel
a) 030° für Punkt 6 und 093° für Punkt 20,
b) 288° für Punkt 1 und 208° für Punkt 14.
4.8.3 Welchen Horizontalwinkel bilden die Richtungswinkel
a) 030° / 105°
b) 250° / 170°
c) 345°:/ 072°?
4.8 (4.4, 4-09a)) Wo stehen Sie?
a) Sie sehen in südlicher Richtung die Punkte 21 und 23 unter dem Horizontalwinkel 46°. Punkt 21 liegt etwas näher.
b) (4.4.2, 4-11) Sie sehen im Gelände Punkt 5 in 033°, Punkt 13 in 091° und Punkt 17 in 124°.

5. Gradnetz und Gitter

Als Merkhilfe für die Unterscheidung von Gradnetz und Gitter mag dienen: Ein Gitter hat starre Abstände; ein Netz kann unterschiedlich weite Maschen haben. Eine Hängematte z. B. hat weite Maschen in der Mitte (Äquator), und engere an den Enden (Pole).

5.1 WGS 84

Die Herstellung topographischer Karten war früher eine vorwiegend militärische Aufgabe, und die Länder gingen eigene Wege. So gab es u. a. für das Erdellipsoid (den Erdumfang am Äquator und die Abplattung an den Polen), die Lage des Abbildungszylinders, die Art der Verebnung (Berührungs- oder Schnittzylinder), den Null-Meridian und die Breite der Meridianstreifen unterschiedliche Lösungen.

Mit dem ***World Geodetic System 1984 (WGS 84)*** ist jetzt ein weltweit einheitliches geodätisches Bezugssystem geschaffen, und die top. Karten erhalten ein eingedrucktes UTM-Gitter. Sie können als winkel-, längen- und flächentreu gelten. Abbildungsfehler liegen jedenfalls weit unter der Genauigkeit, mit der Kompasswanderer Richtungen und Entfernungen messen, einstellen und einhalten können.

»Gitter« heißt in diesem Buch und für alle neuen Karten UTM-Gitter. Nur die **Schweiz** druckt weiterhin in schwarzer Farbe das nationale Gitter ein (2-06) und nennt die geographischen Koordinaten mit blauen Ziffern in den Kartenrändern.

5.2 Koordinaten

Die Lage eines Punktes beschreibt man am kurz und eindeutig mit Zahlen. »Lageangebende« Zahlen heißen Koordinaten. Für die Kartenarbeit und die Orientierung gibt es drei Arten:

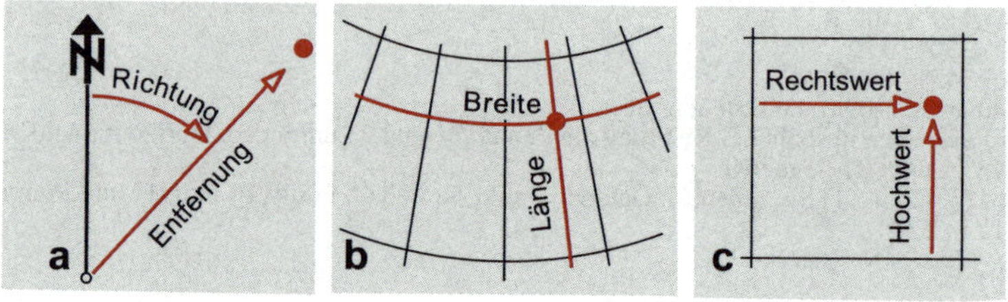

5-01 *Koordinaten*

a) Polarkoordinaten: Richtung und Entfernung (Vergleich: Drehkran)
b) geographische Koordinaten: Breite und Länge
c) geodätische Koordinaten: Rechtswert und Hochwert (Vergleich: Laufkran)

5-02 Koordinaten

	Polarkoordinaten	Geographische Koordinaten	Geodätische Koordinaten
Angabe *Beispiel*	**Richtung / Entfernung** *165° / 7,2 km*	**Breite / Länge** *47° 36,6' N* *009° 53,9° E*	**Rechtswert / Hochwert** *32T 0567445* oder *32T NT 67445* *UTM 5273251* *MGRS 73251*
Merkmal	eben	rechtwinklig-gekrümmt	rechtwinklig-eben
Rechenregeln	ebene Geometrie	Kugelgeometrie (sphärische Trigonometrie)	ebene Geometrie
Zählung	vom Ausgangspunkt	vom Äquator nach Norden und Süden vom Nullmeridian nach Osten und Westen	nach rechts und oben
Reihenfolge	Richtung/Entfernung	Breite/Länge je nach Halbkugel: NE, NW, SE,SW	Rechtswert/Hochwert
Geltung	Kartenblatt	top. Karten, Seekarten, Luftfahrtlarten weltweit	topographische Karten (Festland) 80° Süd bis 84° Nord
Lage		Breitenkreise parallel zum Äquator, Längenkreise (Meridianlinien) von Pol zu Pol	senkrecht: parallel zum Hauptmeridian waagerecht: parallel zum Äquator
Anwendung	Kurs und Standort bestimmen einfache Kartierung Mißweisung aus dem Gelände-	Ortsangabe im Gradnetz, GPS, Schiffs- und Flugnavigation Rechnungen zum Sonnenstand magn. Deklination ermitteln	Ortsangabe im Gitter, GPS, Vermessung, Rettungsdienste, NATO Richtung und Entfernung *innerhalb einer UTM-Zone* berechnen Nadelabweichung ermitteln
Maßeinheit	Grad (Gon, Strich) / m/km	Grad, Minuten, Zehntelminuten	Kilometer, Meter
Meßhilfe	Kompaß Vollkreis-Winkelmesser	Netzteiler *selbst anfertigen*	Planzeiger *auf dem Kompaßlineal*
Form und Seitenlänge		Minutenfeld trapezförmig 1,852 × (1,852 x cos Breite) [km] *(auf 50° für 1 : 50 000 =) 3,7 cm x 2,38 cm*	Gitterquadrat 1 km × 1 km *für 1 : 50 000 2 cm x 2 cm* *für 1: 25 000 4 cm × 4 cm*
Nordrichtung	nach verwendeten Nordlinien	Geographisch-Nord (GeN)	Gitter-Nord (GiN)
Mißweisung	nach verwendeter Nordrichtung	magnetische Deklination	Nadelabweichung

- **Polarkoordinaten:** Richtung und Entfernung
  Anwendung: Kurswinkel (Teil 3) und Standort (Teil 4) bestimmen, Missweisung ermitteln (Teil 6)
- **Geographische Koordinaten:** Breite und Länge in Gradnetz
  Anwendung: großräumige Navigation in der See- und Luftfahrt, Rechnungen zu Zeit und Sonnenstand (Teil 6), Missweisung ermitteln (Teil 6), Atlaskarten
- **Geodätische Koordinaten:** Rechtswert und Hochwert im Gitter.
  Anwendung: top. Karten, kleinräumige Orientierung (Teile 3 und 4), Missweisung ermitteln (Teil 6), NATO, Rettungs-/Suchdienste und Polizei (Teil 7), Vermessung und Kartierung (Teil 8).

GPS zeigt Koordinaten wahlweise im Gradnetz oder im Gitter an. Google Earth bietet für die Koordinaten-Anzeige – über »Tools« und »Optionen« – die Wahl zwischen Gradnetz und Gitter. Die Aufgabe, zwischen Polar- und Gitterkoordinaten zu wechseln, stellt sich vor allem bei der Kartierung (8.2.2). Taschenrechner mit den Tasten [P ➔ R] und [R ➔ P] leisten dasselbe.

5.3 Gradnetz

Die für die Erdkugel willkürlich anmutenden Bezeichnungen »Breite« und »Länge« stammen aus der antiken Seefahrt. Dort waren sie auf die Ost-West-Ausdehnung des Mittelmeers bezogen (5-03).

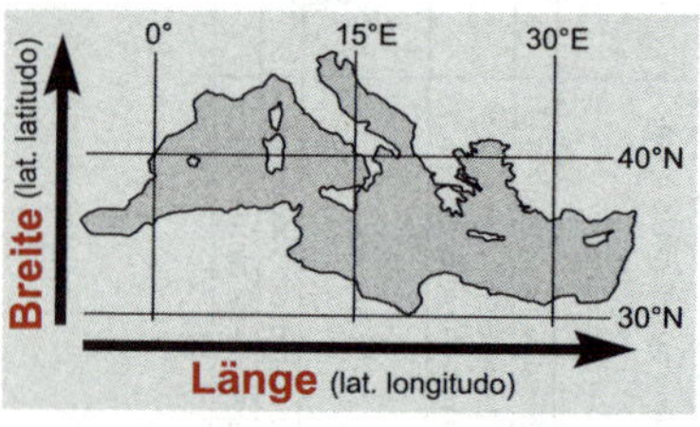

***5-03** »Breite« und »Länge« galten ursprünglich für das Mittelmeer.*

Der weltweiten Geltung des Gradnetzes stehen Nachteile gegenüber:
- Längengrade und -minuten sind kein festes Maß für Entfernungen
- für Bogenminuten wechselt man ins Sechzigersystem, für Zehntelminuten wieder zurück
- bei Rechnungen zu Kurswinkeln und Entfernungen muss die Erdkrümmung berücksichtigt werden (sphärische Geometrie).

Dennoch ist eine Karte ohne Angaben zum Gradnetz keine vollwertige Orientierungshilfe.

5.3.1 Breite und Länge

Die **Breitenkreise** (= **Parallelkreise**) verlaufen parallel zum Äquator, dem größten Breitenkreis (= Großkreis, 107). Ihr Umfang nimmt daher polwärts ab. Man zählt sie vom Äquator (= 0° Breite) nach Norden (+) und Süden (–) bis 90° an den Polen. Da der Erdumfang rund 40 000 km beträgt, entspricht 1° auf dem Großkreis, der 360. Teil davon, rund 111,1 km. Die *Seemeile* (sm) entspricht mit 1,852 km einer Bogenminute auf dem Großkreis. ***Knoten***, das Maß für Schiffsgeschwindigkeiten, sind Seemeilen pro Stunde (sm/h).

Zwei Breitenkreise beiderseits des Äquators spielen eine Rolle für die Orientierung: Die *Wendekreise* (± 23,44° Breite) begrenzen die Tropen, die knapp 40 % der Erdoberfläche, wo die Mittagssonne im Laufe eines Jahres im Norden wie im Süden stehen kann und zweimal im Jahr mittags senkrecht steht. An den *Polarkreisen* (± 66,56°) beginnen die Polarzonen, jene zweimal rund 8 % der Erdoberfläche, wo es – je weiter polwärts, umso länger – Mitternachtssonne und Polarnacht gibt (179).

Der Nullmeridian schneidet den Äquator im Südatlantik südlich von Westafrika. Die geographische Breite bestimmt man nach Gestirnshöhen, in unseren Breiten am einfachsten nach dem Polarstern 6.3.4.1. Das war schon in der Antike möglich, und auch Kolumbus navigierte so.

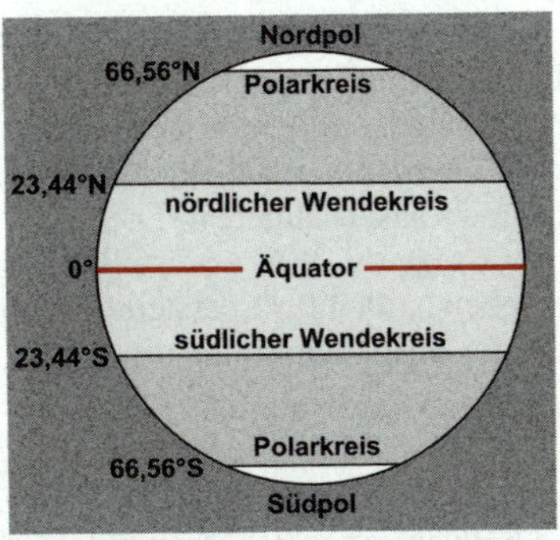

5-04 *Wendekreise und Polarkreise*

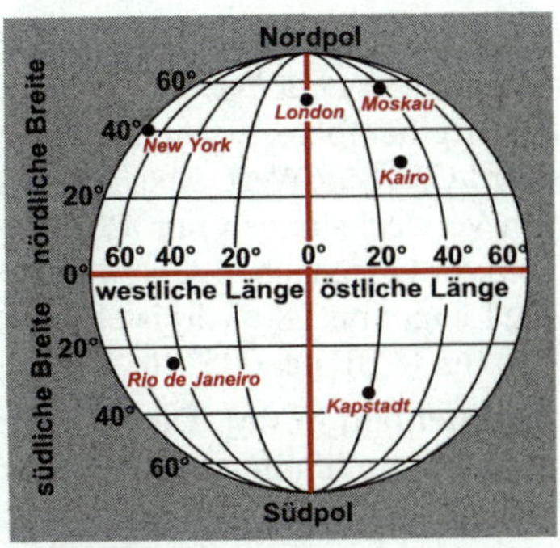

5-05 *Gradnetz der Erde*

Alle geraden Linien von Pol zu Pol sind **Längenkreise (= Meridianlinien)**. Auf der Erde wie auf dem Globus schneiden sie den Äquator und alle Breitenkreise = rechtwinklig Parallelkreise. Man zählt sie vom Nullmeridian – 102 m ostwärts der »Touristen-Linie« an der ehemaligen Sternwarte von Greenwich bei London, 102 m ostwärts der »Touristen-linie« – nach Osten (+) und Westen (–). Der 180. Längengrad liegt dem Nullmeridian gegenüber und bildet die Datumsgrenze, mit örtlichen Ausnahmen für Inselgruppen. Ein Längengrad ist kein Längen-, sondern nur ein Winkelmaß.

Die geographische Länge ermittelt man durch Zeitvergleich, z. B. zwischen Höchststand der Sonne (= 12:00 Uhr WOZ) und 12:00 Uhr Weltzeit. Erst John Harrisons Uhren ermöglichten diese verlässliche Längenbestimmung: »1791 gab die East India Company an die Kapitäne ihrer Handelsschiffe neue Logbücher mit vorgedruckten Seiten aus, die eine extra Spalte für Länge mittels Chronometer aufwiesen« (Sobel, Längengrad).

Alle Orte auf demselben Längengrad haben die gleiche Uhrzeit (2.5.2). Bei Rechnungen werden die Erdhalbkugeln durch das Vorzeichen unterschieden:
Östliche Länge + , westliche Länge –
nördliche Breite + , südliche Breite –

5.3.2 Ortsangabe und Einzeichnen (5-07)

Für die Ortsangaben und Rechnungen im Gradnetz eignet sich am besten die Schreibweise mit Grad, Minuten und Zehntelminuten, also

51° 11,4' N *statt* 51° 11' 23" N *oder* 51° 11,383' N
013° 22,7' E *statt* 013° 22' 41" E *oder* 013° 22,683' E

Nach DIN sollen die Bezeichnungen für Breite und Länge (also N oder S, E oder W) ***nach***gestellt werden. Die Halbkugeln nennt man in derselben Reihenfolge, wie man die Neben-Himmelsrichtungen bezeichnet: Nord/Ost, Süd/West. Aber für »Ost« steht international der Buchstabe **E**, um Verwechslungen mit »Null« und »Grad« auszuschließen. Die Gradzahl für Ortsangaben schreibt man für die Breite (bis 90°) zweistellig, für die Länge (bis 180°) dreistellig. Dabei stehen Nullen für Leerstellen, also 04° für 4° Breite, 005° für 5° Länge, 06' für 6 Bogenminuten.

Minutenfeld (5-06). Der Abstand zwischen Meridianlinien (= Längengraden) nimmt mit wachsender Breite ab (Abweitung), von rund 111 km am Äquator auf rund 71 km auf 50° Breite und rund 44 km an den Polarkreisen (Abweitung, 104). Also werden polwärts auch die Minutenfelder schmaler:

Minutenfeld hoch [cm] = 1,852 [cm] x 100 000 : Maßstabszahl
Minutenfeld breit [cm] = Höhe [cm] x cos (geographische Breite)

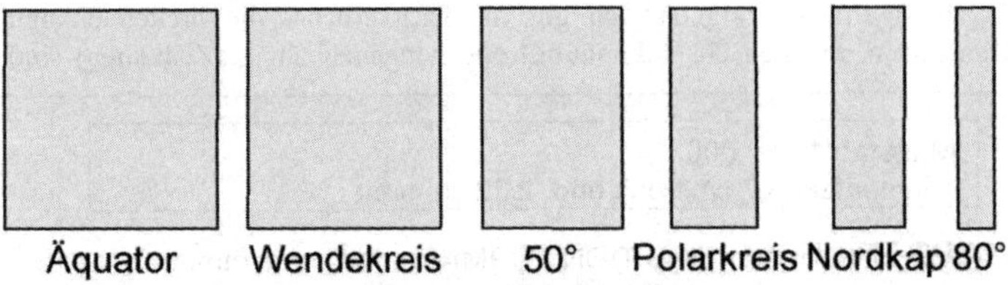

5-06 *Minutenfelder 1:50 000 auf verschiedenen Breiten*

Beispiel Maßstab = 1:25 000
geographische Breite 68°
Minutenfeld hoch = 1,852 [cm] x 100 000 : 25 000 = **7,4 cm**
Minutenfeld breit = 7,4 x cos 68 = **2,77 cm**
Merkhilfe: die Ziffern 8, 5, 2 stehen beim Taschenrechner untereinander

Auf top. Karten werden die Minutenfelder im Kartenrahmen gezählt (rot in 5-07).

Einen ***Netzteiler*** (vgl. Planzeiger 5.4.3) für die Arbeit im Gradnetz muss man sich für den Maßstab und die *geographische Breite* der verwendeten Karte selbst herstellen (2.7, 2-11). Für die Südhalbkugel ist er entsprechend der Zählrichtung umzuklappen.

Zur Ortsangabe und zum Einzeichnen im Gradnetz genügt es in der Regel, die Zehntel im Minutenfeld zu schätzen. Der Rechenweg für beide Aufgaben ergibt sich aus 5-07.

5.3.3 Mercator-Karte

Alle Seekarten (und viele Weltkarten) sind Mercator-Karten. Ihre besondere Eignung für die Navigation liegt darin, dass die Kursgleiche (Loxodrome) eine gerade Linie bildet.

Mercator-Karten sind weder längen- noch flächentreu (vergleichen Sie die arabische Halbinsel mit Grönland oder Südamerika auf dem Globus und auf einer Mercator-Weltkarte). Um die für die Navigation unverzichtbare Winkeltreue zu bewahren, stellt man die Meridianlinien parallel und gleicht die dadurch entstehenden Formverzerrungen dadurch aus, dass man den Maßstab polwärts vergrößert. Man erkennt Mercator-Karten also an diesen Merkmalen:

- die Meridianlinien verlaufen senkrecht parallel
- der Abstand der Breitenkreise nimmt polwärts zu
  (»Maßstab der wachsenden Breiten«; genannt wird in der Regel der Äquator-Maßstab)
- Hohe Breiten und die Pole werden nicht dargestellt

Mercator-Weltkarten eignen sich gut für Sachverhalte, die breitenabhängig (Klimazonen, magnetische Inklination) oder längenabhängig (Zeitzonen) sind.

Maßstab 1 : 50 000
Minutenfeld 3,7 cm hoch und 2,32 cm breit

GPS-Einstellung	POSITION FORMAT MAP DATUM	hddd° mm, mmm' WGS 84
GPS-Anzeige	**N 51°11,381'** **E 013°22,681'**	
Ortsangabe	N 51°11,4' E 013°22,7'	*0,4 mal 3,7 cm = 1,48 cm* *0.7 mal 2,32 cm = 1,62 cm*
Einzeichnen	1,5 cm nördlich von 11' N 1,6 cm ostwärts von 22' E	

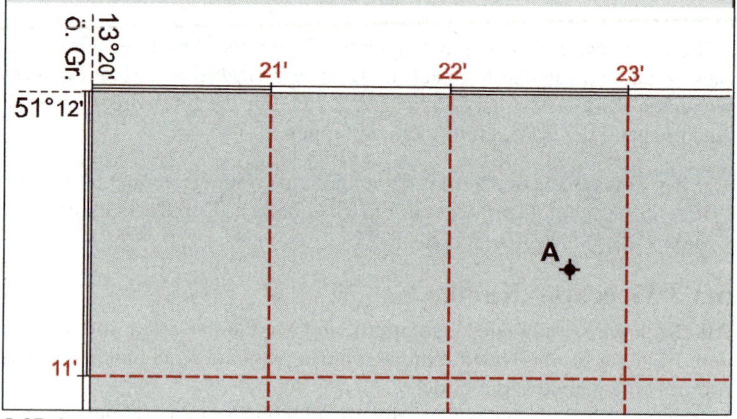

5-07 Ortsangabe und Einzeichnen im Gradnetz (rote Einträge nicht in der Karte)

Die ***Richtung*** der Kursgleichen, also des gleich bleibenden Kompasskurses, bestimmt man auf der *Seekarte* (= Mercator-Karte) mit Zeichnung (a) oder Rechnung (b):

a) Ausgangs- und Bestimmungsort durch eine gerade Linie verbinden und den Kurswinkel mit Kompass oder Winkelmesser ermitteln.
b) Die Richtung aus dem waagerechten Abstand (= Rechtswert [cm]) und dem senkrechten Abstand (= Hochwert [cm]) berechnen (5.4.4).

Um eine ***Entfernung*** aus einer Seekarte = Mercator-Karte (105) herauszumessen, überträgt man die Kartenentfernung mit Zirkel oder Lineal auf den seitlichen (»stehenden«) Kartenrand, und zwar auf der geographischen Breite, auf der die betreffende Strecke liegt, und liest dort die Bogenminuten (= Seemeilen) ab.

Die kürzeste Verbindung zwischen zwei Punkten auf der Erde ist der **Großkreis** (Orthodrome), Er entspricht auf der Erde der Luftlinie und ist polwärts gekrümmt. Mittelpunkt aller Großkreise ist die Erdmitte. Bei der Großkreis-Navigation ändert sich laufend der Kurswinkel.
Auf dem ***Globus*** erhält man die Großkreis-Entfernung mit einem gespannten Faden und der Rechnung

Großkreisentfernung [km] =
Globus-Entfernung [cm] x 40 000 **:** Globus-Umfang [cm]

Die **Kursgleiche** (Loxodrome) schneidet alle Meridiane unter demselben Winkel. So bleibt der Kurswinkel unverändert, aber der Weg wird länger. Für die kurzen Tagesstrecken beim Wasserwandern, also auf dem einzelnen Blatt der top. Karte, ist der Unterschied zwischen Großkreis und Kursgleiche belanglos.

5.4 Gitter

Ortsangabe und Einzeichnen, Messen und Kartieren sind Im *rechtwinklig-ebenen* Gitter sehr viel einfacher als im Gradnetz. Bei der kleinräumigen Kartenarbeit auf dem Land arbeitet man darum im geodätischen Gitter.

5.4.1 UTM-System

UTM steht für **U**niversal **T**ransverse **M**ercator. *Universal* bezeichnet die weltweite Geltung, *Transverse* die Lage des Abbildungszylinders (querachsig), *Mercator* die Abbildungsart. Die Meridianstreifen heißen hier Zonen. Rechts- und Hochwert werden als Ost- und Nordwert bezeichnet, aber in diesem Buch bleiben wir bei Rechtswert und Hochwert.

UTM-Zonen, Haupt- und Grenzmeridiane. Das UTM-System teilt die Erde in 60 senkrechte Zonen (5-08). Sie sind 6 Längengrade breit und reichen von 80°S bis 84°N. Die Hauptmeridiane (= Mittelmeridiane) sind ungerade Vielfache von 3, die Grenzmeridiane Vielfache von 6:

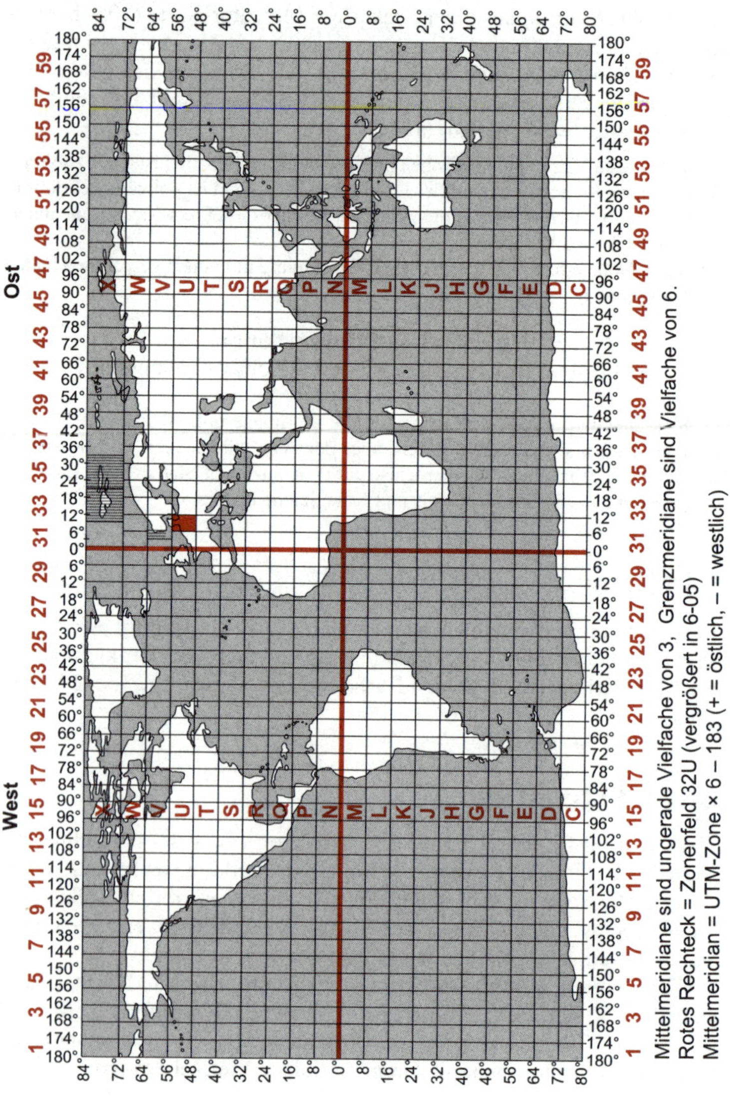

***5-08** UTM-Zonen und Zonenfelder, Weltkarte*

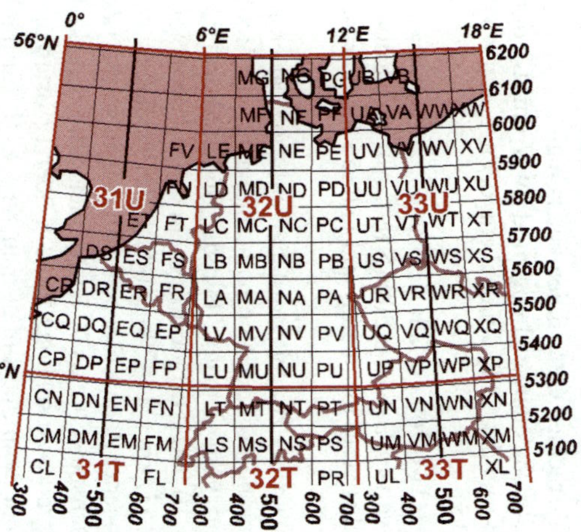

Die 100-km-Quadrate, auch die (hier aus Raumgründen unbezeichneten) Restfelder an den Grenzmeridianen, tragen einen Doppelbuchstaben. Der erste steigt im Alphabet nach rechts, der zweite nach oben (»rechts/hoch«). Die Buchstaben I und O werden nicht verwendet.

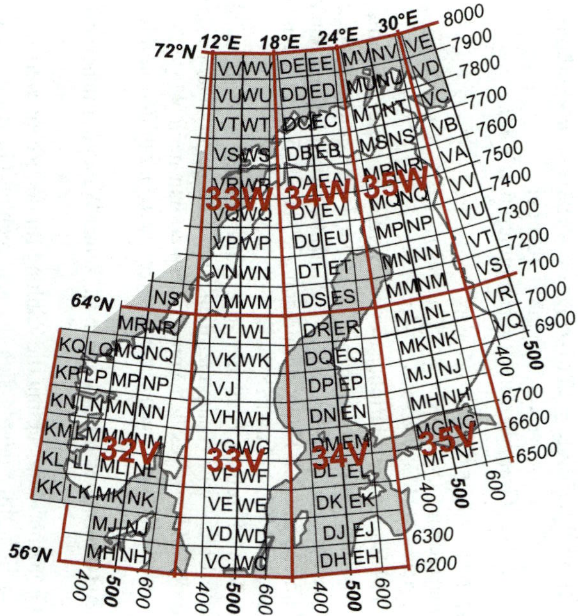

5-09 Zonenfelder und 100-km-Quadrate in Mitteleuropa und Skandinavien

Hauptmeridian = UTM-Zone x 6 – 183° (– für westliche,
+ für östliche Halbkugel
Grenzmeridiane = Hauptmeridian ± 3°)

Beispiel: UTM-Zone 53
Hauptmeridian = 53 × 6 – 183 = +135° (östlich)
Grenzmeridiane = +132° und +138°

Die UTM-Zonen (= Meridianstreifen werden von der Datumsgrenze (180°) ostwärts gezählt (5-08). UTM-Zone 1 mit dem Hauptmeridian 177°W reicht also von 180° bis 174°W, Mitteleuropa liegt in den Zonen 31, 32 und 33 mit den Hauptmeridianen 3°, 9° und 15° E und den Grenzmeridianen 0°, 6°, 12° und 18°E.

Auf dem einzelnen Blatt der top. Karte neigen sich die senkrechten Gitterlinien vom Hauptmeridian zum Grenzmeridian (6-05), auf der Nordhalbkugel westlich vom Hauptmeridian nach Westen (Vorzeichen –), östlich davon nach Osten (Vorzeichen +), *auf der Südhalbkugel umgekehrt*.

Einen ***Grenzmeridian*** sollte man auf seiner Wanderkarte hervorheben, denn

- am Grenzmeridian beginnt die Zählung für den Rechtswert,
- im Nachbargitter neigen sich die senkrechten Gitterlinien entgegengesetzt, und die waagerechten Gitterlinien knicken ab.
- Damit ändert sich die Nadelabweichung, und zwar um die doppelte Meridiankonvergenz, auf der Südhalbkugel entgegengesetzt zur Nordhalbkugel (6-01, 6-15).

Rechtswert. In jeder UTM-Zone erhält der Hauptmeridian (= Mittelmeridian) den Rechtswert (= Ostwert) **500** (5-09). Auf top. Karten sind die Kilometer der Rechtswerte im oberen und unteren Kartenrand oder -rahmen genannt.

Hochwert. Die Kilometer der Hochwerte stehen auf top. Karten im linken und rechten Kartenrand. Auf der Nordhalbkugel nennt der Hochwert den Kilometer-Abstand vom Äquator. Für die Südhalbkugel hat der Äquator den Nordwert 10 000 [km]; dort liegt ein Ort mit dem Nordwert 8157 also (10 000 – 8157) km = 1842 km südlich des Äquators

Zonenfelder (5-08). In jeder Zone werden von Süd nach Nord 20 Zonenfelder mit den Großbuchstaben C bis X bezeichnet. Sie erstrecken sich jeweils über 8 Breitengrade (Ausnahme: Band X über 12 Breitengrade). Wenn die Karte sie nicht nennt, bestimmt man sie – z. B. für die GPS-Eingabe – nach Abb. 5-08 und den geographischen Koordinaten (auf top. Karten meist in den Blattecken). Deutschland liegt größtenteil im Zonenfeld 32U, die östlichen Teile in 33U, der nördliche Alpenrand in 32T und 33T.

Die Buchstaben I und O werden im UTM-System nirgends verwendet, weil man sie mit den Ziffern 1 und 0 und dem Gradzeichen ° verwechseln könnte.

Die Polkappen bildet man nach dem ***UPS-System*** (Universal Polar Stereographic) ab. In der Antarktis liegen die Felder A und B, in der Arktis die Felder Y und Z. Die senkrechten Gitterlinien verlaufen parallel zu 0°/180°.

UTM-Meldesystem. Im ***MGRS*** (Military Grid Reference System, deutsch UTMRef) werden die Zonenfelder weiter in 100-km-Quadrate unterteilt, die man mit zwei Großbuchstaben bezeichnet (5-09), auch die Restfelder an den Grenzmeridianen. Diese beiden Buchstaben ersetzen beim Rechts- und beim Hochwert die ersten beiden Ziffern der siebenstelligen UTM-Koordinaten, die an den vier Ecken der top. Karte meist hochgestellt und kleiner gedruckt sind (auf der Karte kann die Null am Anfang des Rechtswerts auch fehlen.)

Die Kartenrand-Angaben zum UTM-Gitter versteht man auch bei fremdsprachigen Karten, wenn man weiß:

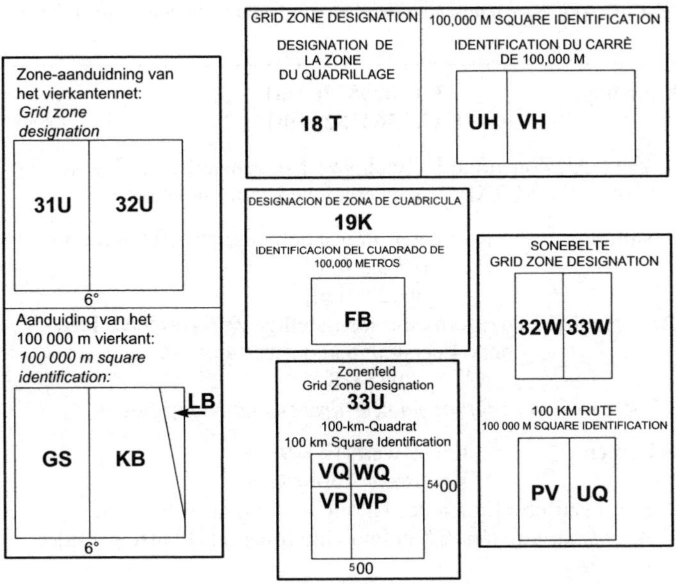

5-10 UTM-Zonenfeld und 100-km-Quadrate. Angaben im Kartenrand

Zahl + Großbuchstabe stehen für Zone und Zonenfeld
zwei Großbuchstaben nennen das 100-km-Quadrat.

Die Reihenfolge »ostwärts / nordwärts« (»recht hoch«) gilt also im UTM-System auf allen drei Ebenen, für Zone/Zonenfeld, für den ersten und zweiten Buchstaben beim 100-km-Quadrat und für Rechtswert/Hochwert bei der Ortsangabe. Mit diesem Wissen kann man unbezeichnete Restfelder nach den benachbarten Feldern selbst benennen.

Ausnahmen für Norwegen. Auf den top. Karten Norwegens zählt auch der Küstensaum westlich von 6°E, also die 100-km-Quadrate KK bis KQ und LK bis LQ (5-09), zum Zonenfeld 32V (Hauptmeridian 9°E), und Spitzbergen / Svalbard liegt in den (verbreiterten) Zonenfeldern 33X (9°E bis 21°E, Hauptmeridian 15°E) und 35X (21°E bis 33°E, Hauptmeridian 27°E). *GPS berücksichtigt diese Ausnahmen.*

5.4.2 Ortsangabe und Einzeichnen im UTM-Gitter

GPS zeigt den Standort im UTM-Gitter zweizeilig an. Aber – anders als im Gradnetz – steht der Rechtswert (E, mit Null an der ersten Stelle) in der oberen Zeile, der Hochwert (N) in der unteren.

Merkwort »recht hoch«, anschaulicher: »Erst zum Baum hinlaufen, dann hinaufsteigen«.

GPS-Anzeige **32U 0298276 [m]**
UTM 5642824 [m]

oben: Zone 32, Zonenfeld U, Rechtswert siebenstellig in Metern
unten: Gitter (hier UTM), Hochwert siebenstellig in Metern.

Ortsangabe. In Kilometer umwandeln und auf 100 m runden
0298,3 [km]
5642,8 [km]
Aus den drei Endziffern eine sechsstellige Ziffernreihe bilden
– ohne Leerstellen und Zusätze –
983428
gesprochen »achtundneunzig-drei zwoundvierzig-acht«

Einzeichnen Rechtswert (E) = **98**,3
Hochwert (N) = **42**,8
fett: bezifferte Linien des Kilometer-Gitters
Nachkommastelle: Zehntel im Gitterquadrat (Planzeiger oder schätzen)

Google Earth liefert die UTM-Koordinaten mit Zone und Zonenfeld über Tools > Optionen > UTM.

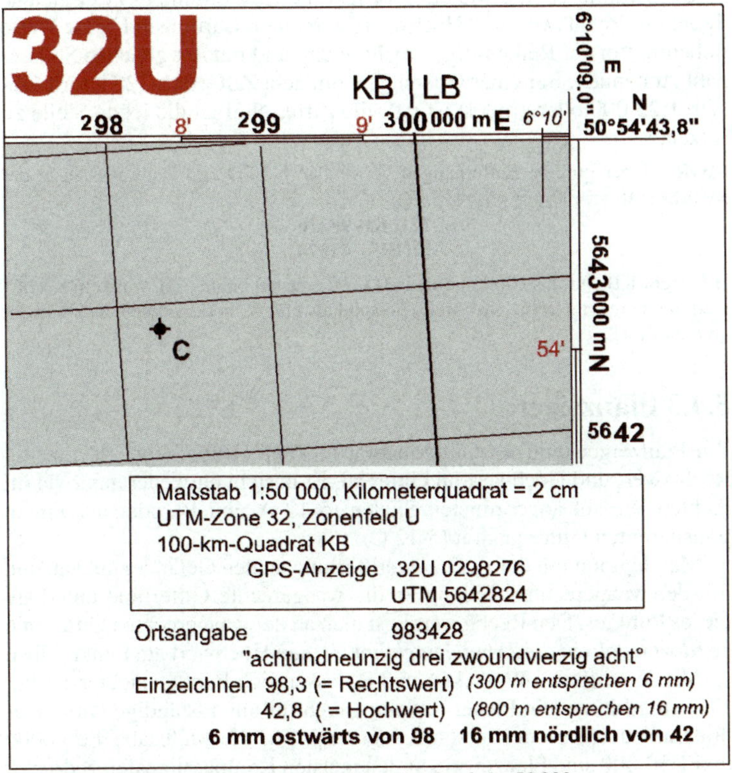

5-11 *Ortsangabe und Einzeichnen im Gitter, Maßstab 1 : 50 000 (rote Einträge nicht in der gedruckten Karte)*

Der Rechenweg für das Einzeichnen der Nadelabweichungen ergibt sich aus 6-14, Zeile 1 bis 3 und 6 bis 11.

Der Empfänger der Meldung zerlegt die Ziffernreihe in zwei gleiche Teile, um Rechtswert und Hochwert zu trennen. Darum sind beide Werte unbedingt in der Reihenfolge »recht/hoch« und mit der gleichen Stellenzahl zu nennen. Bei einer Ortsangabe mit acht Ziffern (5-12 C, für Maßstab 1:25 000 oder größer) ist ggf. die Ziffer Null an die letzte Stelle zu setzen.

MGRS. Über größere Entfernungen verwenden NATO und Rettungsdienste das MGRS-System:

32U KB 98276
MGRS 42824

Hier steht KB (für das 100-km-Quadrat) für die ersten beiden Ziffern beim Rechtswert und beim Hochwert, im obigen Beispiel also für 02 in der oberen und 56 in der unteren Zeile.

5.4.3 Planzeiger

Ein Planzeiger teilt das Gitterquadrat in Zehntel und zeigt gleichzeitig Rechtswert und Hochwert im Gitter an. Er besteht entweder aus zwei im rechten Winkel angeordneten Skalen (5-12 A und B) oder aus einem transparenten Gitterquadrat (5-12 C).

Man legt ihn mit der *senkrechten* Teilung an den Geländepunkt an und mit der waagerechten Teilung an die waagerechte Gitterlinie unterhalb dieses Punktes. Den Rechtswert liest man an der waagerechten Gitterlinie ab *(dort wachsen die Zehntel nach links!)*, den Hochwert am Punkt selbst.

Mit dem offenen Winkel (A und B) lassen sich Punkte leichter auf der Karte markieren, ein Raster (C) taugt auch für unvollständige Gitterquadrate am unteren oder linken Kartenrand. Für die Maßstäbe 1:25 0000 und 1:50 000 sind Planzeiger auf den meisten Kompasslinealen gedruckt; für 1:100 000 dient die Zentimeterskala längs der Anlegekante; für andere Maßstäbe muss man sie selbst zeichnen.

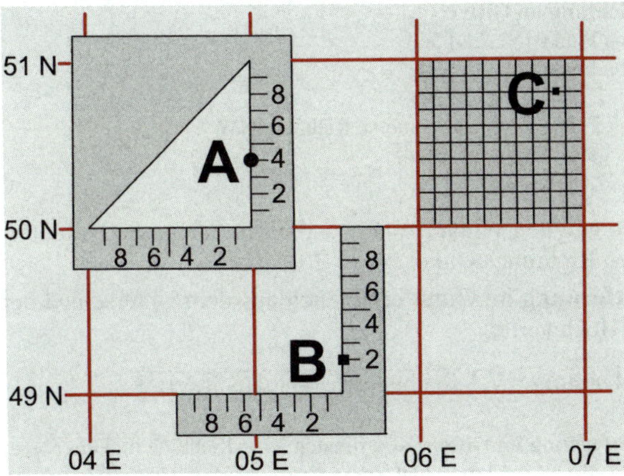

5-12 *Planzeiger, hier 1:50 000*
A = 050504
B = 055492
C = 068508 (achtstellig 06855080)

5.4.4 Richtung und Entfernung im Gitter

Richtung und Entfernung im Gitter lassen sich *innerhalb desselben Meridianstreifens* aus den Koordinaten berechnen. Die **Richtung** wird in zwei Schritten ermittelt. Dabei ist W die Abweichung von der Nord-Süd-Richtung:

$$\mathbf{W} = \tan^{-1} (\Delta \text{ Rechtswerte} : \Delta \text{ Hochwerte})$$

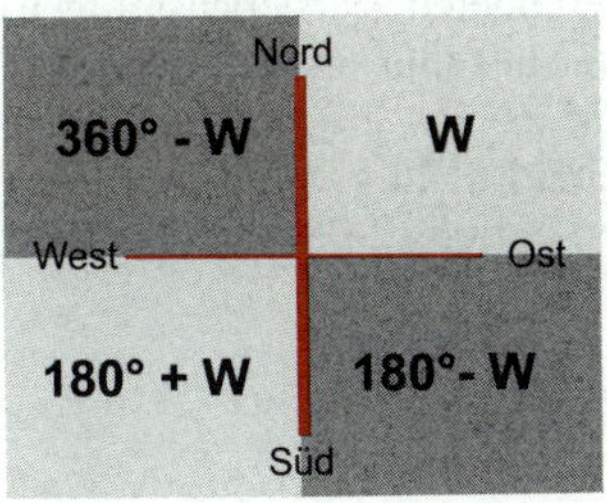

Nord bis Ost = W
Ost bis Süd = 180° – W
Süd bis West = 180° + W
West bis Nord = 360° – W

5-13 *Richtung im Gitter, Fallunterscheidung*

Beispiel für die **Richtung im Gitter:**

Koordinaten von Punkt 1 = 284 563
Koordinaten von Punkt 2 = 171 743
Δ113 217

W = $\tan^{-1}$ (113 : 217) = 27,5° ; allgemeine Richtung NW
Richtungswinkel also 360° – W (5-14)

Richtung = 360 – 27,5° = **332,5°**

Man rechnet also erst den Winkel W aus und nimmt dann die Fallunterscheidung für den Richtungswinkel vor (5-13).

Auch die **Entfernung** im Gitter ergibt sich aus dem Unterschied der Rechts- und der Hochwerte:

$$\textbf{Entfernung} = \sqrt{\Delta\ \text{Rechtswerte}^2 + \Delta\ \text{Hochwerte}^2}$$

Beispiel für die **Entfernung im Gitter** (Koordinaten wie »Richtung im Gitter«)
Entfernung = $\sqrt{(11{,}3^2 + 21{,}7^2)}$ km = **24,4 km**

GPS zeigt vom Standort aus Richtung und Entfernung an, wenn man über GOTO einen gespeicherten Wegpunkt als Ziel wählt.

5.4.5 UTM-Gitter in die Karte einzeichnen (5-14, 5-15)

Ältere top. Karten sind in der Regel wie Straßenkarten, Stadtpläne, geologische Karten und Luftbilder *ohne* geodätisches Gitter. Manchmal findet man ein bloßes »Suchgitter« mit zweifelhafter Ausrichtung, willkürlicher Gitterweite und mit Bezeichnungen wie A1, C7 ohne Beziehung zu einem geodätischen Gitter.

Um auch auf solchen Karten im Gitter arbeiten zu können, zeichnet man es selbst ein. Das gelingt – mit spitzem Stift und langem Lineal – mit beachtlicher Genauigkeit, wenn die ungerundeten (= siebenstelligen) UTM-Koordinaten von zwei Geländepunkten bekannt sind, die – auf dem gleichen Kartenblatt und in derselben UTM-Zone – diagonal möglichst weit auseinander liegen. Sollte sich der Zirkel nicht weit genug öffnen lassen, ersetzt man ihn durch einen Papierstreifen (2-08b) und arbeitet dann mit dem Lineal weiter.

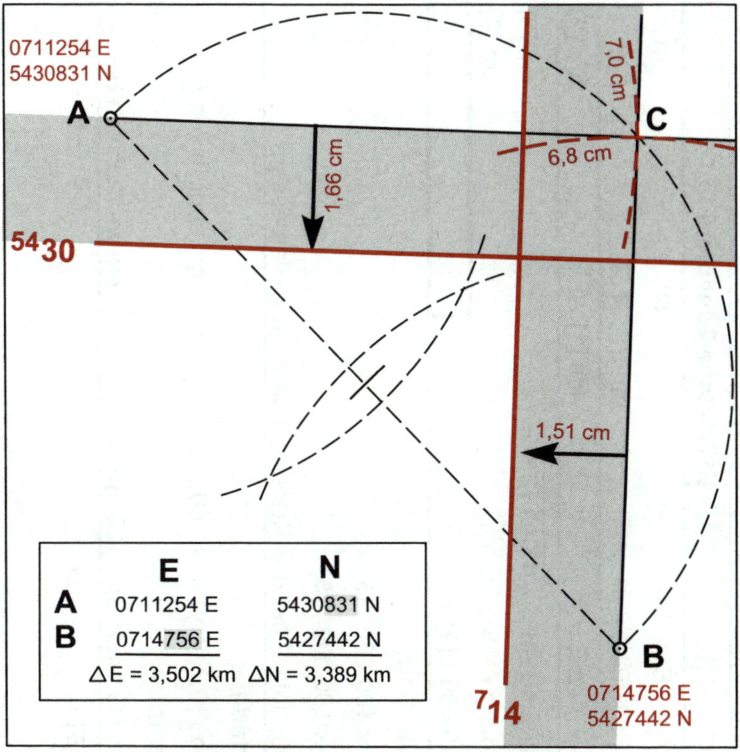

Rechenschema für beliebige Maßstäbe

hier mit den Zahlen der obigen Abbildung, Vordruck 9-13

(1) AC = 3,502 km, BC = 3,389 km

(2) AB im Gelände = $\sqrt{(3{,}502^2 + 3{,}389^2)}$ = 4,873327918 [km]
AB auf der Karte = 9,75 cm

(3) Maßstabszahl M = 4,873327918 × 100 000 : 9,75
= 49982,85 (speichern, theoretisch 50 000)

(4) Kreis um A mit 3,502 × 100 000 : M = 7,00 [cm]

(5) Kreis um B mit 3,389 × 100 000 : M = 6,78 [cm]

(6) Gitterlinie 14 = 756 × 100 : M = 1,51 cm westlich von BC
Gitterlinie 30 = 831 × 100 : M = 1,66 cm südlich von AC

***5-14** Gitter einzeichnen.*

Karte		**UTM-Zone/Zonenfeld**		
UTM-Koordinaten Punkt A	**E**	m	**N**	m
UTM-Koordinaten Punkt B	**E**	m	**N**	m
	Δ **E** =	km **[1]**	Δ	km **[2]**

berechnete Geländeentfernung AB = $\sqrt{(\mathbf{[1]}^2 + \mathbf{[2]}^2)}$ = km **[3]**

gemessene Kartenentfernung AB = cm **[4]**

Maßstabszahl = [3] × 100 000 **: [4] =** **[5]**

Thaleskreis zeichnen (Abb. 5-14)

Kreis um A und B mit **[1]** × 100 000 **: [5]** = cm

Kreis um B und A mit **[2]** × 100 000 **: [5]** = cm

den gemeinsamen Schnittpunkt C der drei Kreise mit dem Lineal verbessern

für die waagerechte Gitterlinie

(die drei letzten Stellen von Hochwert A) × 100 : **[5]** = cm südlich von A

für die senkrechte Gitterlinie

(die drei letzten Stellen von Ostwert B) × 100 : **[5]** = cm westlich von B

Gitterweite = 100 000 : [5] = cm

5-15 *UTM-Gitter einzeichnen. Vordruck*

Falzung und Luftfeuchtigkeit verändern die Maße der Karte (Sollmaß, 1.4), das Erhitzen beim Kopieren sogar die einer Folie. Bei unsicherem oder unbekanntem Maßstab, also stets bei Kopie oder Vergrößerung, bestimmt man Maßstab und Gitterweite aus Gelände- und Kartenentfernung zwischen A und B.

Dazu schlägt man um Punkt A einen Kreis mit dem auf den Kartenmaßstab umgerechneten Ostwert-Unterschied, um B mit dem umgerechneten Nordwert-Unterschied (oder umgekehrt). Die Lage des Schnittpunkts C wird ggf. noch mit dem Lineal verbessert. Bei fehlerfreier Rechung und Zeichnung schneiden sich AC und BC rechtwinklig, und C liegt auf dem Thaleskreis über AB. Ein Hinweis auf die erreichte Genauigkeit ist die Größe des Fehlerdreiecks, das bei C aus dem Thaleskreis und den Kreisen um A und B entsteht.

Die Linien des UTM-Gitters verlaufen parallel zu AC und BC. Der Abstand der vorangehenden Kilometerlinie von AC bzw. BC ergibt sich aus den auf den Kartenmaßstab umgerechneten letzten drei Stellen des Ost- und des Nordwerts. Weitere Gitterlinien zeichnet man am vorteilhaftesten mithilfe einer sorgfältig ausgerichteten transparenten Leerkarte.

Auf einer Karte mit Grenzmeridian braucht man *für jede Zone* zwei Passpunkte und konstruiert die beiden Gitter getrennt, am besten in verschiedenen Farben oder gleich auf verschiedene Blätter. Am Grenzmeridian treffen sich die senkrechten Gitterlinien beider Meridianstreifen im selben Punkt, und die Nadelabweichung ändert sich um die doppelte Meridiankonvergenz (6-16).

5.5 Leerkarte und Logbuch

Für schwierige Orientierung und größere Unternehmungen empfehlen sich knappe, in der Art eines Logbuchs geordnete Aufzeichnungen in Verbindung mit einer Leerkarte,

- um die top. Karte nicht mit Eintragungen zu überladen
- um Koordinaten und Beobachtungen festzuhalten und ggf. den Rückweg zu sichern
- als Reisetagebuch
- als Nachweis, wenn man Verantwortung für andere trägt (dazu täglich von einem Teilnehmer unterschreiben lassen!).

Leerkarte. Leerkarten sind unbezifferte Gitter oder Gradnetze, beide *ohne kartographischen Inhalt.* Die Gitterlinien beziffert man wie das

Gitter der verwendeten Karte. Im Gradnetz ist außer der geographischen Breite auch noch die Zählrichtung zu beachten

Eine Leerkarte mit *Gitter* ist weltweit einsetzbar, mit *Gradnetz* nur für eine bestimmte geographische Breite. Da das Gitter des benachbarten Meridianstreifens entgegengesetzt geneigt ist, beginnt man am Grenzmeridian am besten ein neues Blatt. Jeder gespeicherte Wegpunkt erhält darin seine laufende Nummer und wird nach den GPS-Koordinaten mit einem Kreuz in die Leerkarte eingezeichnet (in die top. Karte besser mit einem kleinen Kreis, 2.09 c). So fallen Orientierungs-, Ablese- und Zeichenfehler leichter auf und können nach dem Logbuch auch noch nachträglich berichtigt werden.

Mit einer transparenten Leerkarte lassen sich Kurse und Entfernungen im Gitter auch über Kartenränder und Grenzmeridiane hinweg bestimmen.

Logbuch. Weitere Angaben wie Wegpunkt-Nummern, Tag, Zeit, Koordinaten, Höhe, Missweisung kommen in vorbereitete Spalten in einem Notizbuch, darunter – über die Spalten hinweg – zusätzliche Einträge (z. B. Daten zu Fotos, Gehzeit, Wetter, Beobachtungen im Gelände, Skizzen, Überlegungen, besondere Vorfälle).

Braucht man die Koordinaten erneut, vielleicht für die GOTO-Funktion oder den Rückweg, muss man sie dann nicht mehr herausmessen. ***Die Koordinaten der wichtigsten Wegpunkte sollten unbedingt auch in Papierform vorliegen, damit sie bei Ausfall des GPS-Geräts noch verfügbar sind.***

5.6 Übungen

5.6.1 Bestimmen Sie für Ihren Wohnort/Urlaubsort die Koordinaten im Gradnetz und im UTM-Gitter a) nach der Karte, b) mit GPS.

5.6.2 Wie lauten die UTM-Koordinaten der Punkte im Übungsgitter a) 15, b) 25, c) 2, d) 8?

5.6.3 Wie lauten die geographischen Koordinaten der Punkte a) 1, b) 12, c) 13, d) 14, e) 21?

5.6.4 Welcher Punkt im Übungsgitter hat die Koordinaten a) 256521, b) 274506, c) 230524, d) 28955485?

5.6.5 Formen Sie die folgenden UTM-Koordinaten so um, dass sie sie in die Karte übertragen könnten: a) E 0654972 N 5592573, b) E 0352794, N 5549065, c) E 0501296 N 5422601

5.6.6 Schreiben Sie die Standortangaben von 5.6.5 in der sechsstelligen Kurzform

5.6.7 In welchen Ländern liegen die Zonenfelder a) 33V, b) 71°W, c) 18T, d) 33W?

5.6.8 Bestimmen Sie die UTM-Zone, den Hauptmeridian und die Grenzmeridiane für a) 10°E, b) 71°W, c) 20°W, d) 7°E, e) 112°W

5.6.9 In welcher Richtung und Entfernung liegt Punkt A von B aus gesehen?

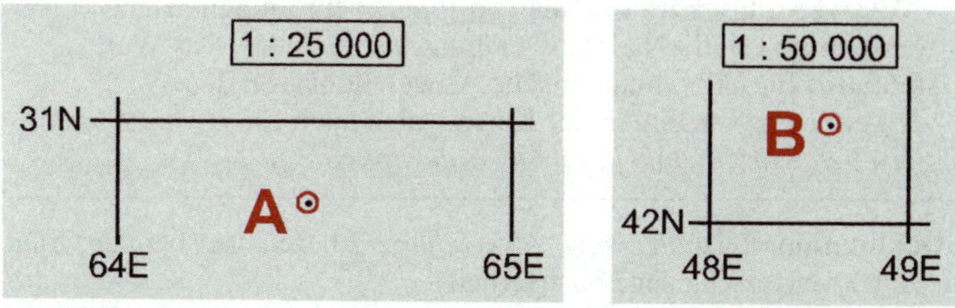

5-16 *zu Aufgabe 5.6.9*

5.6.10 Zeichnen Sie ein Gitterquadrat mit Zehntelteilung für Maßstab a) 1:50 000, b) 1:25 000, c) 1:20 000, d) 1:15 000

5.6.11 Zeichnen Sie ein Minutenfeld mit Zehntelteilung für Maßstab 1:50 000, Breite 68°, b) Maßstab 1:25 000, Breite 42°

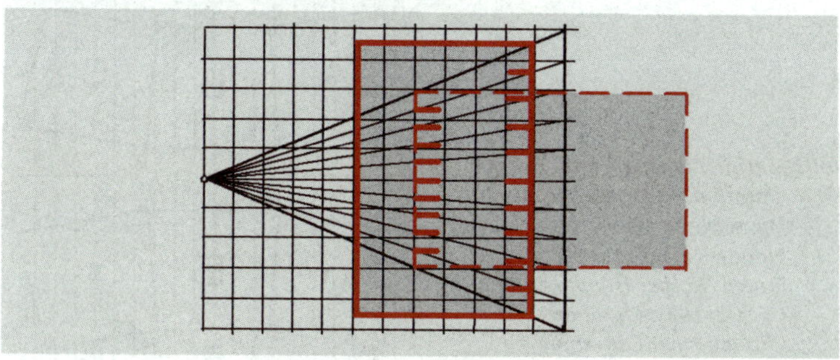

5-17 *Minutenfeld (oder Gitterquadrat) in Zehntel teilen*

6. Missweisung

»Missweisung« wird hier als Oberbegriff für »magnetische Deklination« und »Nadelabweichung« verwendet. Das Wort steht also für jede »magnetische Abweichung von den verwendeten Nordlinien der Karte«, also auch für *»Unterschied zwischen Kartenwinkel und Geländewinkel«.*

»Deklination« *(= Ablenkung, Abweichung«)* bezeichnet bei der Orientierung zwei verschiedene Sachverhalte:

- den Winkel von GeN nach MaN = *magnetische Deklination* (123),
- die Mittagsbreite der Sonne = *Deklination der Sonne* (134, 179/180).

6.1 Nordrichtungen und -winkel (6-02, 6-13 bis 6-15)

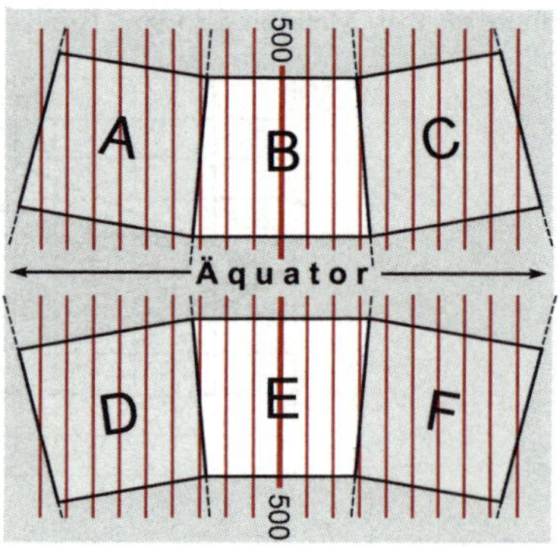

6-01 *Meridianlinien (schwarz) und Gitterlinien (rot) (schematisch) Die seitlichen Ränder der Kartenblätter A bis F sind Meridianlinien. Nur der Hauptmeridian (= 500) eines Meridianstreifens fällt mit einer Gitterlinie zusammen.*

Meridianlinien treffen sich in den Polen, aber die senkrechten Gitterlinien der top. Karten verlaufen parallel zum ***Hauptmeridian 500*** (= *Mittelmeridian*) (5-08, 5-09, 6-01). Je sechs Längengrade bilden einen der 60 Meridianstreifen des UTM-Gitters. Darin weist nur der Hauptmeridian genau nach Geographisch-Nord. *Es gibt also drei Nordrichtungen*, die nach *Art*, *Winkelgröße* und *Vorzeichen* zu unterscheiden sind:

- ***Geographisch-Nord, GeN***
  im Gelände Richtung zum Nordpol und Polarstern;
  auf der Karte die seitlichen Ränder der Gradabteilungskarten und glei-

che Minutenzahlen im oberen und unteren Kartenrahmen.
Die *magnetische Abweichung* ist die ***Deklination***.

- ***Gitter-Nord, GiN***
  im Gelände keine Entsprechung;
  auf der Karte die senkrechten eingedruckten Gitterlinien, gleiche Kilometer-Zahlen im oberen und unteren Kartenrahmen.
  Die *magnetische Abweichung* ist die ***Nadelabweichung***.
- ***Magnetisch-Nord, MaN***
  im Gelände die Richtung der magnetischen Feldlinien und die örtliche Richtung der frei schwingenden Magnetnadel,
  auf der Karte die *selbst eingezeichnete* MaN-Linie.

Winkelgröße = Gradzahl, hier auf volle Grad gerundet.
Vorzeichen: + heißt *östlich* (nach rechts), – heißt *westlich* (nach links)

GeN wird meist mit einem (Polar-)Stern, MaN mit einer (altertümlichen) Kompassnadel und GiN mit einem Querstrich (Schnittkreuz, 6-02) oder einem kleinen Quadrat bezeichnet. Manche Länder verlängern eine Gitterlinie in den unteren Kartenrand hinein.

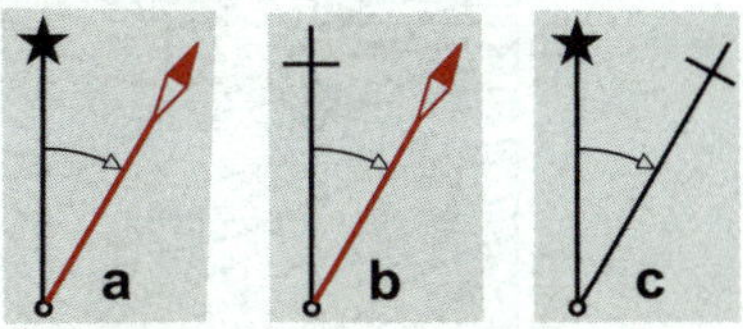

6-02 *Winkel zwischen den Nordrichtungen*
a) Deklination
b) Nadelabweichung
c) Meridiankonvergenz

Die drei Nordrichtungen (6-02) bilden miteinander die Winkel

- ***Deklination***, von GeN nach MaN (6-02a), magnetische Abweichung von Meridianlinien.
- ***Nadelabweichung***, von GiN nach MaN (6-02b), magnetische Abweichung von Gitterlinien.
- ***Meridiankonvergenz***, von GeN nach GiN (6-02c).

Aus je zweien dieser drei Winkel ergibt sich der dritte:

- Deklination = Nadelabweichung + Meridiankonvergenz
- Nadelabweichung = Deklination – Meridiankonvergenz
- Meridiankonvergenz = Deklination – Nadelabweichung

Die *Meridiankonvergenz* wächst vom Haupt- zum Grenzmeridian und polwärts bis (theoretisch) 3° an den Polen. Die *Winkelgröße* (= Gradabweichung vom Hauptmeridian) ist

(Orts- – Hauptmeridian) × sin (Breite)
Breite hier ohne Vorzeichen

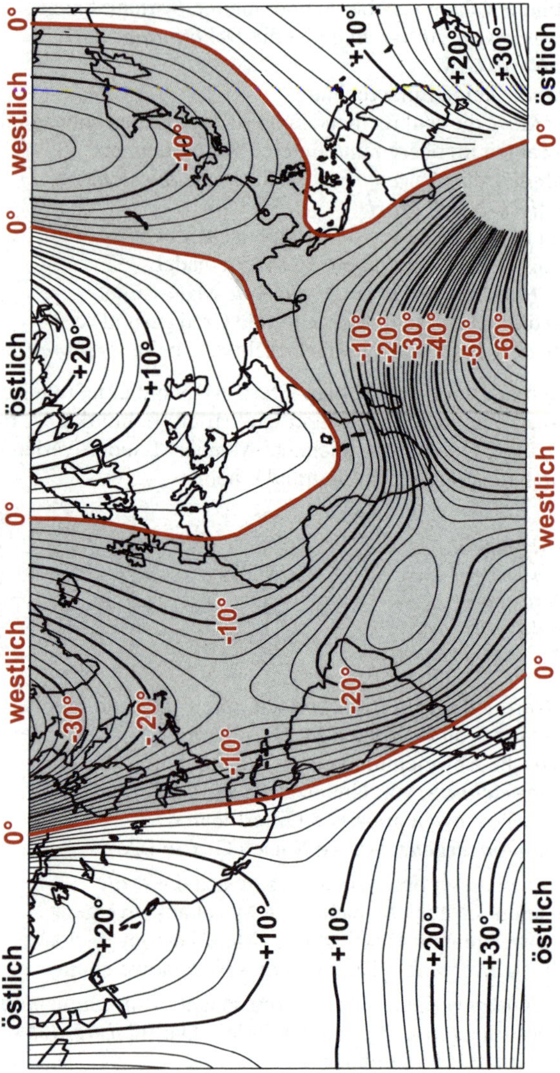

6-03 *Magnetische Deklination 2015. Linienabstand 2°*
Die Linien sind geglättet und berücksichtigen keine örtlichen Abweichungen.

Das *Vorzeichen* ergibt sich nach 5-08 und 6-01.

Beispiel 1:Ortsmeridian 6,1° (E), Hauptmeridian 9° (E), Breite 50° (N)
Meridiankonvergenz = (6,1 –9) × sin 50 [ohne Vorzeichen!] = **–2,22° (westlich)**
Beispiel 2:Ortsmeridian –6,1° (W), Hauptmeridian –9° (W), Breite –50° (S)
Meridiankonvergenz = (–6,1 – –9) × sin 50 [ohne Vorzeichen!] = **2,22° (östlich)**
Der Höchstwert beträgt auf 50° Breite rund 2,3°, am Polarkreis 2,75°

6.2 Größe und Veränderung der Missweisung

»Die Missweisung kann man vernachlässigen« ist ohne die Angabe von Ort und Jahr ein unverantwortlicher Rat: Denn schon bei 2° Abweichung kann man entfernte Gipfel oder Inseln nicht mehr bestimmen. ***In der Seefahrt gelten 5° als größere Missweisung.***

Bei 6° Missweisung – dem Weg des großen Zeigers in einer Minute – wäre man nach 10 km Weg bereits 1 km seitlich abgewichen. Die Deklination beträgt in Island und in Nordnorwegen gegenwärtig über 10°, in Kanada/USA, Südafrika und Neuseeland stellenweise über 20°. Die Null-Linie (Agone) in Europa ist zwischen 1975 und 2010 über ganz Mitteleuropa hinweg gewandert. München hatte um 1840 (Beginn der Messungen) ungefähr 17° *westliche* Deklination; im Jahr 2015 waren es 3° östlich, und für die Jahrhundertmitte sind rund 7° *östlich* zu erwarten.

Abb. 6-03 widerlegt einige falsche Vorstellungen, die sogar in Lehrbüchern verbreitet werden:

- Das rote Ende der Kompassnadel weist ***nicht geradewegs*** zum magnetischen Nordpol, sondern die Nadel richtet sich nach den *örtlichen* magnetischen Feldlinien aus.
  Sonst hätte Deutschland eine deutliche westliche Missweisung, denn der magnetische Pol lag 2015 ungefähr auf N 86° W 154°.
- Die magnetische Deklination wird ***nicht allgemein*** größer, je weiter man nach Norden kommt. Freilich erreicht sie ihre höchsten Werte in Polnähe. Aber auch die Null-Linien (Agonen) treffen sich in den Magnetpolen; die eine verläuft gegenwärtig westlich von Spitzbergen, die andere westlich der Hudson Bay.
- Die magnetische Deklination ist ***nicht allein*** damit erklärt, dass magnetische und geographische Pole nicht übereinstimmen.
  Sonst ergäben die Linien gleicher Missweisung *(Isogonen)* ein ebenmäßiges Bild. Außerdem müsste die Deklination weltweit abnehmen, denn seit der Mitte des 19. Jahrhunderts nähert sich der nördliche Magnetpol dem geographischen Nordpol.

Der Hauptanteil des Magnetfelds der Erde entsteht im glutflüssigen Erdkern durch einen Dynamo-Effekt. Der Einfluss des Sonnenwinds, der ständig von der Sonne ausgehenden Teilchenstrahlung, auf das Erdmagnetfeld ist mit unseren Kompassen die meiste Zeit nicht nachweisbar. Nur »magnetische Stürme« (die wir als Polarlichter wahrnehmen), lassen in hohen Breiten die Magnetnadel bis 10° pendeln, in Deutschland immer noch 2 bis 3°.

Die Tatsache der magnetischen Deklination war schon den alten Chinesen bekannt, aber ihr Wissen gelangte nicht zusammen mit dem Kompass nach dem Westen. Kolumbus stellte fest, dass seine Magnetnadel nicht zum Polarstern zeigte, und suchte den »Fehler« dadurch zu beheben, dass er bei seinen Kompassen die Magnetnadeln auswechselte. Die erste Atlantik-Karte mit Linien gleicher magnetischer Deklination, gleichzeitig die erste thematische Karte überhaupt, wurde von dem englischen Naturforscher Edmund Halley im Jahre 1702 veröffentlicht *(»Halleysche Linien«).*

6.3 Missweisung bestimmen

Eine im GPS-Empfänger gespeicherte magnetische Deklination kann nur für ein bestimmtes Jahr gelten. Zur ***Vorbereitung*** einer Tour ermittelt man die Missweisung aus den Kartenangaben (6.3.1) oder dem Internet (6.3.2), ***im Gelände***, also vor Ort, mit Winkeltausch (6.3.3.1) oder Transparentpapier (6.3.3.2) oder aus dem Unterschied zwischen (bekanntem) Kartenwinkel und (gemessenem) Geländewinkel (6.3.3.3 bis 6.3.5).

6.3.1 Nach Kartenangaben

Karten geben die magnetische Deklination unterschiedlich an:

- ***top. Karten*** (6-04 a) – wenn überhaupt – im Kartenrand: Winkelgröße und Vorzeichen, Pfeile für die Nordrichtungen, erwartete Veränderung,
- ***Seekarten*** (6-04 b) im Kartenbild: Windrose mit Pfeil nach MaN, Deklination und erwartete Veränderung in Grad und Minuten
- ***Luftfahrtkarten*** (6-04 c) im Kartenbild: eingedruckte Linien gleicher Deklination (Isogonen).

GeN wird auf den top. Karten meist mit einem (Polar-)Stern, MaN mit einer (altertümlichen) Kompassnadel und GiN mit einem Querstrich („Schnittkreuz", 6-04a) oder einem kleinen Quadrat bezeichnet. Manche Länder verlängern eine Gitterlinie in den unteren Kartenrand hinein.

Die Randangaben auf top. Karten bezeichnen aber nur das Lage*verhältnis* der drei Nordrichtungen. Für die Winkelgrößen gelten allein die Zahlenwerte. Nach der Karte ermittelt man die aktuelle Missweisung mit den Fragen:

- Ist die Deklination oder die Nadelabweichung genannt (6.1)?
- Welche Kreisteilung ist verwendet (2.1.2)?

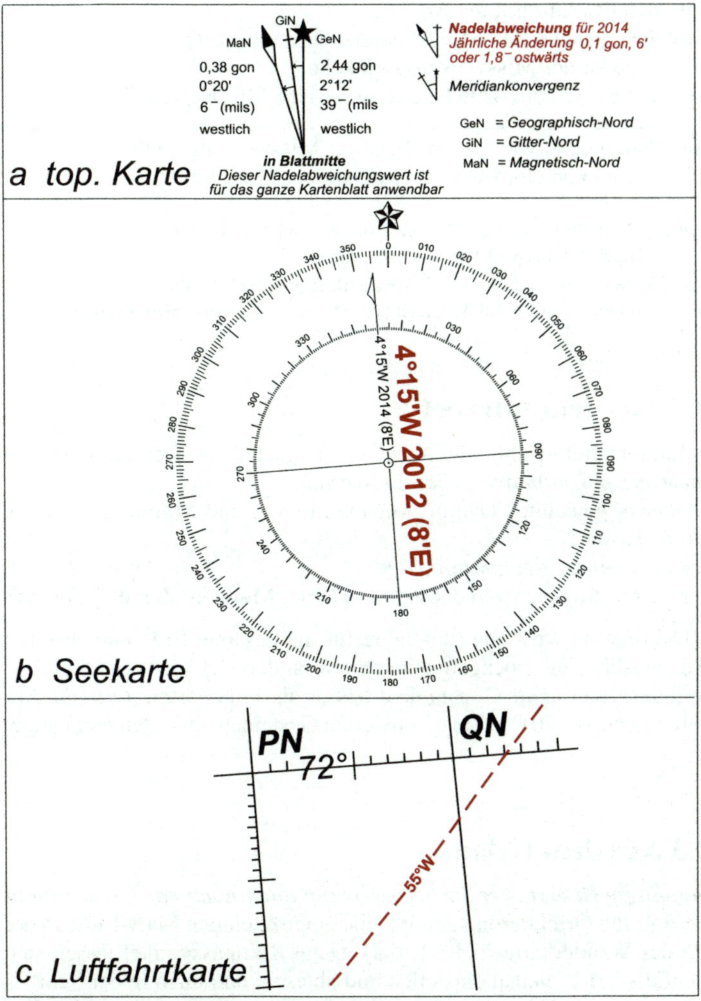

6-04 *Kartenangaben zu Deklination/Nadelabweichung*
a) Top. Karte: Im Kartenrand Lageverhältnis der Nordrichtungen, Nadelabweichung, erwartete Veränderung, b) Seekarte: Im Kartenbild Pfeil nach MaN, Deklination in Grad, erwartete Veränderung, c) Luftfahrtkarte: Im Kartenbild eingedruckte MaN Linien (Isogonen) mit Deklination in Grad

- Für welches Jahr gilt die Angabe?
- Welche jährliche Zu- oder Abnahme wird erwartet?
- Wie groß ist der Missweisungswinkel?
- Handelt es sich um östliche oder westliche Missweisung?

> Für östliche (+) wie für westliche (–) Missweisung heißt
> *Zunahme* »von Nord weg«, *Abnahme* »zu Nord hin«.

Beispiel 1 Nadelabweichung –1,1° (westlich), Zunahme 10'/Jahr
nach 5 Jahren **–1,94**°, nach 10 Jahren –2,77°

Beispiel 2 Nadelabweichung + 1,3° (östlich), Abnahme 10'/Jahr
nach 5 Jahren + **0,47**°, nach 10 Jahren –0,37° (jetzt also westlich!)

6.3.2 Aus dem Internet

Das Internet liefert aktuelle Werte zur magnetischen Deklination unter

- ***www.gfz-potsdam.de/****deklinationsrechner*
  (deutsch, gewähltes Datum, Angabe in Grad und Minuten, erwartete Veränderung)
- ***www.magnetic-declination.com***
  (englisch, Angabe nach der Karte in Grad, Minuten, Zehntelminuten)

Die Deklination wird alle fünf Jahre für die gesamte Erde neu ermittelt und dazwischen nur hochgerechnet. Sie verändert sich nicht gleichmäßig; darum darf man keine Genauigkeit besser als 1° erwarten. *Örtliche* Abweichungen, – bis 10° bei magnetisierten Gesteinen – werden nicht angezeigt.

6.3.3 Aus dem Gelände

Unabhängig ist erst, wer die Missweisung auch noch vor Ort ermitteln kann. Für die Orientierung genügt eine eingezeichnete MaN-Linie in der Mitte der Wanderkarte (6.3.3.1, 6.4). Denn Kompasswinkel lassen sich bestenfalls auf 1° genau einstellen und ablesen, und auch in der Schiffs- und Flugnavigation werden Kurswinkel – gesprochen und geschrieben stets dreistellig – nur in vollen Grad angegeben. Nach Sichtverhältnissen, Tageszeit und Rechenaufwand entscheidet man dann, welches Verfahren man wählt, z. B. ***Winkeltausch*** (6.3.3.1), ***Polarstern*** (6.3.4.1) oder ***Mittagssonne*** (6.3.4.4, 6-11).

6.3.3.1 Unbekannte Missweisung einzeichnen: Winkeltausch

Der einfachste Weg ergibt mit einer Peilung und einer Kopfrechnung unmittelbar eine ***Linie nach MaN***. Er eignet sich auch für Wanderkarten ohne Angaben zu Gradnetz oder Gitter, für Straßenkarten, Stadtpläne und entzerrte Luftbilder.

Vorausgesetzt wird ein moderner Spiegelkompass mit Nordlinien in der durchsichtigen Dose (6.4.2, oder Peilkompass + Vollkreis-Winkelmesser), ein bekannter Standort und ein Peilziel auf demselben Kartenblatt, also Fernsicht. Die Schritte sind:

- Vom Standort eine Linie zu einem entfernten Peilziel zeichnen
- den Zielpunkt peilen und das Dosengitter nach der Magnetnadel ausrichten
- an der Gradskala 360° – Peilrichtung einstellen
  – also Dosengitter und Anlegekante vertauschen –
- den Kompass mit dem Dosengitter an die Peillinie anlegen.

Eine Linie längs einer Anlegekante verläuft dann nach MaN.

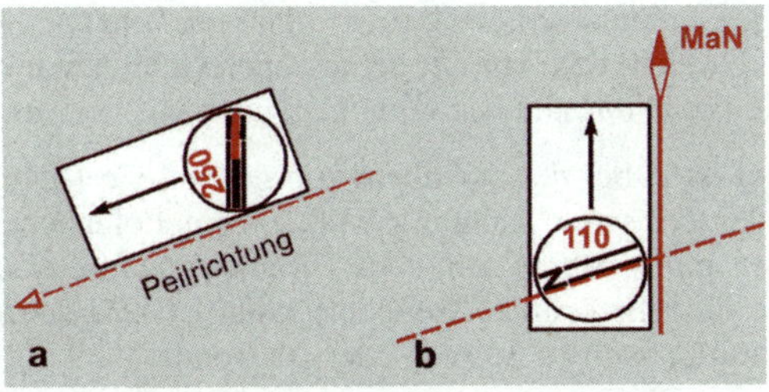

6-05 *Winkeltausch* *a) im Gelände gemessen, hier Peilrichtung 250°*
b) in die Karte übertragen, MaN = 360° minus Peilrichtung

Wer dann für die Kurs- oder Standortbestimmung das Dosengitter an diese MaN-Linie (oder ihrer Verlängerung oder einer Parallele) anlegt, gleicht die aktuelle örtliche Missweisung für dieses ***Kartenblatt*** und dieses ***Jahr*** aus. Auf einer Fernwanderung genügt es, für jede Tagesstrecke einen MaN-Pfeil einzuzeichnen.

Die Schwachstelle aller Kompass-Verfahren liegt bei der Messung des Geländewinkels. Denn ohne Übung fällt es schwer, den Kompass mit fast ausgestrecktem Arm waagerecht so zu halten, dass der senkrechte Spiegelstrich genau durch die Mitte der Nabe läuft. Das stellt man leicht fest, wenn man mehrfach misst und die

Ergebnisse vergleicht. Jedenfalls hilft es, wenn die Tragschnur des Kompasses bei fast gestrecktem Arm dicht am Nacken anliegt (3-04) und so den Kompass stützt.

Zur ***Vorbereitung*** einer Tour – zu Hause, am Tisch, mit Taschenrechner und langem Lineal – oder um ein MaN-Gitter in eine Wanderkarte einzuzeichnen oder in eine OL-Wettkampf-Karte einzudrucken, verfährt man besser nach 6.3.2 und 6-14.

6.3.3.2 Nordpfeil auf Transparentpapier (4.3.2, 4.4.3)

Eine Linie nach Magnetisch-Nord ergibt sich auch bei jeder Standortbestimmung auf Transparentpapier mit drei (oder mehr) Peilrichtungen. Denn sie beginnt damit, dass man einen langen Nordpfeil zeichnet. Wenn die fertige Zeichnung ausgerichtet ist, weist dieser ***Nordpfeil nach MaN*** und muss nur noch in die Karte übertragen werden. Größe und Vorzeichen der Deklination erfährt man auch hier nicht, aber das schränkt die Orientierung nicht ein.

6.3.3.3 Kartenwinkel und Geländewinkel

Alle folgenden Verfahren (6.3.4 bis 6.3.5.3) ermitteln die Missweisung aus dem Gradunterschied zwischen einer *bekannten* Richtung (= »Kartenwinkel«) und dem vor Ort gemessenen Geländewinkel. So erhält man auch die *Gradzahl* und das *Vorzeichen* der Missweisung.

Kartenwinkel ist dabei der *auf der Karte* gemessene Richtungswinkel, ***aber auch*** der *bekannte* Richtungswinkel zum Polarstern, die Untergangsrichtung eines Sterns auf dem Himmelsäquator, das Kreuz des Südens oder eine berechnete Sonnenrichtung. ***Geländewinkel*** ist die Kompassrichtung, auch zu Sternen oder zur Sonne.

Da Richtungswinkel im Uhrzeigersinn wachsen, gilt ausnahmslos:

Geländewinkel größer als Kartenwinkel (G > K) = Missweisung westlich (–)
Geländewinkel kleiner als Kartenwinkel (G < K) = Missweisung östlich (+)

Beispiel Kartenwinkel 100°, Geländewinkel 90°
Gradunterschied 10°, Geländewinkel kleiner
Missweisung = +10° östlich

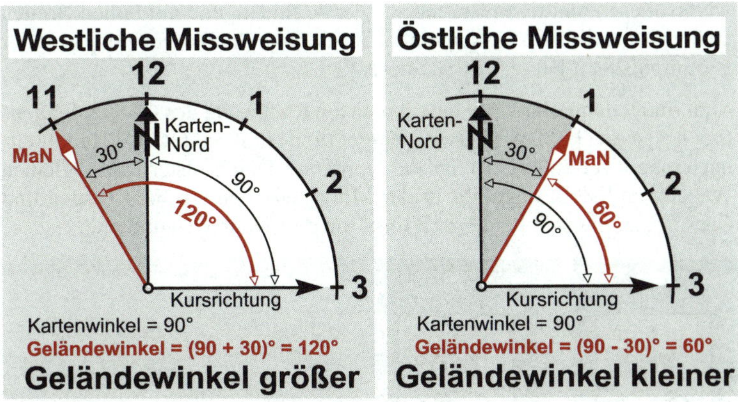

6-06 *Westliche und östliche Deklination*

Als Merkhilfe dient ein Zettelchen im Kompassdeckel, z. B.

w (–) bei G > K

das heißt: *»Bei westlicher Missweisung (Vorzeichen –) ist der Geländewinkel größer als der Kartenwinkel«.*

6.3.4 Nach Sternen

Abstände zwischen Sternen misst man in Grad. Ein brauchbarer Behelf beim Schätzen sind die Maße der eigenen Hand bei ausgestrecktem Arm, die man sich einmalig ausrechnen und in 6-08 d eintragen kann:

Gradzahl = $\tan^{-1}$ (Handbreite [cm] : Armlänge [cm])

Beispiel Handbreite = 10 cm
Abstand der Hand vom Auge) = 56 cm
Winkelgröße = $\tan^{-1}$ (10 : 60) = **10°**

6.3.4.1 Polarstern

In den mittleren Breiten der Nordhalbkugel finden wir mit dem Spiegelkompass die magnetische Deklination nach dem Polarstern, auch bei unbekanntem Standort. Er steht ziemlich genau auf GeN am nördlichen Himmelspol (»Kartenwinkel« = 0°). Sichtbar ist er von rund N 10° nordwärts, aber in niedrigen Breiten schwer zu finden, und auf hohen Breiten steht er zu steil. Sein Höhenwinkel auf der Nordhalbkugel entspricht der geographischen Breite des Standorts.

Man findet den Polarstern, indem man die Rückwand des Großen Wagens (bei ausgestrecktem Arm etwa 3 Finger breit) fünfmal (etwa 4 Handbreit) nach oben verlängert. Er ist der vorderste Deichselstern des Kleinen Wagens und steht ungefähr in der Mitte zwischen Großem Wagen und Cassiopeja, die sich beide nach links um den Polarstern drehen.

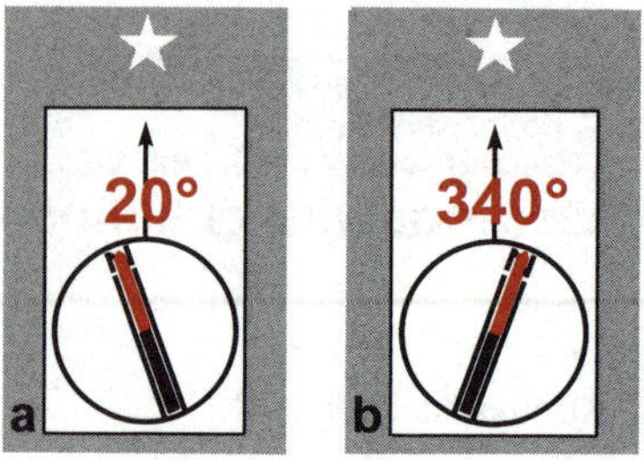

6-07 *Deklination nach dem Polarstern ermitteln*
a) 20° westlich
b) (360–340)° = 20° östlich

- Den Kompass als Lot mit dem oberen Ende der Tragschnur an den Polarstern »anlegen«.
- Am Horizont die Stelle senkrecht unter dem Polarstern peilen und die Dose nach der Magnetnadel ausrichten.

Beispiel 1 (6-07a)
Gemessene Richtung des Polarsterns (Geländewinkel) = 20°
Geländewinkel ***größer*** (als 0°, *Gradzahl ein- oder zweistellig*)
Deklination = –20° (westlich)

Beispiel 2 (6-07b)
Gemessene Richtung des Polarsterns (Geländewinkel) = 340°
Geländewinkel ***kleiner*** (als 360°, *Gradzahl dreistellig*)
Deklination = +20° (östlich)

6.3.4.2 Sterne auf dem Himmelsäquator (6-08a, Sternkarte)

Alle Sterne auf dem Himmelsäquator gehen genau im Osten auf und im Westen unter. Beim Untergang (»Kartenwinkel« = 270°) sind sie leichter zu finden.

Der nördlichste Gürtelstern des Sternbilds Orion (6-08 b) liegt genau auf dem Himmelsäquator, der mittlere weicht beim Untergang nur etwa 1°

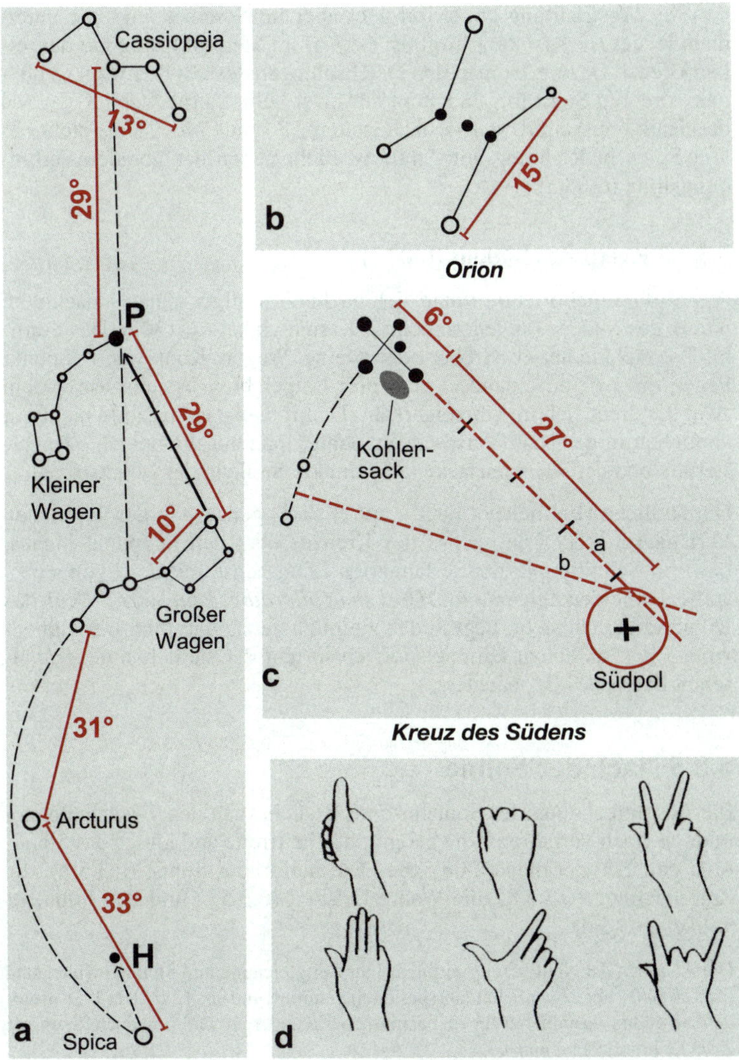

Orion

Kreuz des Südens

P = Polarstern
H = Heze

Die eigene Hand als Maßstab für Winkelabstände

6-08 *Richtung/Deklination nach Sternen*

von der Westrichtung ab. Orion geht aber im Sommer am Tage unter; dann leistet *Heze* (= Zeta Virginis, 6-08 a) im Sternbild Jungfrau denselben Dienst. Dazu setzt man den Deichselbogen des Großen Wagens über den vorderen Stern fort und stößt auf zwei helle Sterne, nach 31° (etwa drei Handbreit) auf *Arcturus*, nach weiteren 33° auf *Spica*. Heze steht 12° von Spica in Richtung auf Arcturus, dicht neben der geraden Verbindungslinie (6-08 a).

6.3.4.3 Kreuz des Südens (6-08 c)

Am Südhimmel orientiert man sich nachts – weniger genau – nach dem Kreuz des Südens (angenommener »Kartenwinkel« = 180°). Das Sternbild ist viel kleiner als Großer oder Kleiner Wagen; Kopf- und Fußpunkt liegen etwa 6° auseinander, rund drei Finger breit bei ausgestrecktem Arm. Es dreht sich im Uhrzeigersinn. Damit man das Sternbild nicht mit ähnlichen in der Nähe verwechselt, achtet man auf die beiden »Zeigersterne« und den »Kohlensack«, eine dunkle Stelle in der Milchstraße:

Der südliche Himmelspol liegt – auf etwa 3° genau – in der 4½-fachen Verlängerung der Längsachse des Kreuzes über den Fußpunkt hinaus, bzw. im Schnittpunkt der verlängerten Längsachse mit der Symmetrieachse der beiden Zeigersterne. *Dort steht allerdings kein Stern!* Wenn das Kreuz senkrecht steht, liegt Süden ziemlich genau darunter. Der Höhenwinkel des südlichen Himmelspols entspricht der südlichen geographischen Breite des Beobachters.

6.3.5 Nach der Sonne

Für die Berechnung des Sonnenstands braucht man den Taschenrechner und – je nach Verfahren – die geographische Breite und Länge das Standorts, den Zeitmeridian (2-08), die Deklination der Sonne (6.3.5 a), die Zeitgleichung (6.3.5 b), die Wahre Ortszeit (6.3.5 c) und den Stundenwinkel (6.3.5 d).

Die Angaben der Nautischen Jahrbücher für Zeitgleichung und Stundenwinkel sind für Tab. 9-01 über zwei Schaltjahrsperioden gemittelt und auf 12:00 Uhr UTC bezogen. So gelten sie nicht nur für ein bestimmtes Kalenderjahr und sind doch für unsere Zwecke hinreichend genau:
1° Längenunterschied (ΔL) zwischen Orts- und Zeitmeridian entspricht einem Zeitunterscheid von vier Minuten, also 2 Sonnendurchmessern; und ein Zeitfehler von vier Minuten führt zu einem Winkelfehler von einem Grad.

a. Deklination der Sonne, D (6-09, 9-01)

In der Seefahrt wird die magnetische Deklination auch als Variation bezeichnet

Die Deklination der Sonne ist die geographische Breite, über der die Mittagssonne an einem bestimmten Tag des Jahres senkrecht steht. Gegenüber der jährlichen Bahn der Erde um die Sonne ist die Erdachse geneigt. Deshalb scheint sich die Sonne für den irdischen Beobachter im Laufe eines Jahres einmal auf- und abzuschrauben. Zum Frühlings- und Herbstanfang (= Tag- und Nachtgleiche) steht sie genau über dem Äquator; ihre Deklination beträgt dann 0°. Die Höchstwerte entsprechen den Wendekreisen, für die Nordhalbkugel N 23,44° zur Sommersonnenwende und S 23,44° zum Winteranfang. 6-09 (rot) zeigt die Jahreskurve.

Bei der Schrägstellung der Erdachse, beim Abstand der Wendekreise vom Äquator und der Polarkreise von den Polen handelt es sich also stets um denselben Winkel von 23,44°. Wie sich daraus die Jahreszeiten ergeben, zeigt jeder Schulatlas.

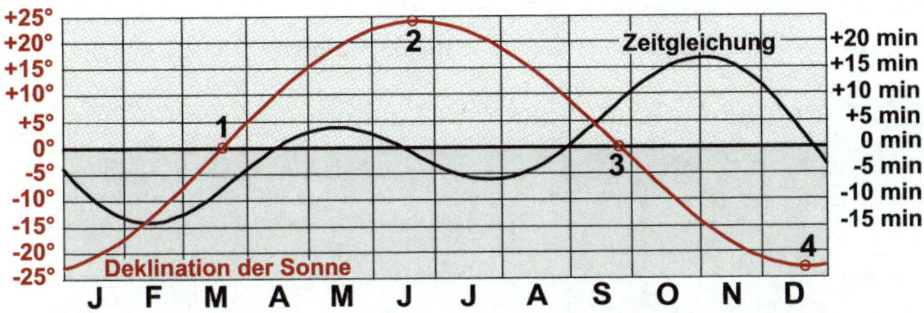

6-09 Deklination der Sonne (rot) und Zeitgleichung (schwarz), Jahreskurve
1, 3 Tag- und Nachtgleiche = Frühlings- und Herbstanfang
2, 4 längster und kürzester Tag = Sommer- und Wintersonnenwende

b. Zeitgleichung, zgl (6-09, 9-01)

Die Zeitgleichung *(-gleichung hier im Sinn von »ausgleichen«)* ***nennt den Zeitunterschied in Minuten zwischen wahrer und mittlerer Tageslänge, also zwischen Sonnenstand und Zeitansage an einem bestimmten Kalendertag***. Wegen der Schrägstellung der Erdachse (= Ekliptik) und der elliptischen Jahresbahn der Erde sind die einzelnen Tage des Jahres bis knapp 15 Minuten länger oder kürzer als der für die Zeitansage verwendete Mittelwert. Abb. 6-09 zeigt (schwarz) die Jahreskurve der Zeitgleichung, Tab. 9-01 die Durchschnittswerte für jeden Tag des Jahres in Minuten, – bezogen auf 12 Uhr mittags.

c. Wahre Ortszeit, WOZ (2.5.2, 2.5.3)

Die Sonne steht um 12:00 Uhr WOZ genau über dem Ortsmeridian. Da Zeitfehler zu Winkelfehlern führen, ist bei allen Rechnungen zum Sonnenstand von der Wahren Ortszeit (WOZ) statt von der Uhrzeit auszugehen, und Rechenergebnisse in WOZ sind in die Uhrzeit (Zonenzeit) zu verwandeln. Den Ortsmeridian entnimmt man der top. Karte oder der GPS-Anzeige, die Zeitgleichung des Tages aus 9-01. Den Zeitmeridian (Zeitzone / Sommerzeit) erfragt man ggf. an der Landesgrenze. Ob der Standort östlich oder westlich vom Zeitmeridian liegt, der Zeitunterschied also zugezählt oder abgezogen wird, ergibt sich aus den Vorzeichen.

d. Stundenwinkel, S (6-10)

Der Stundenwinkel bezieht die 24 Stunden des Tages auf die 360° der täglichen Sonnenbahn.

15° Sonnenbahn entsprechen 1 Stunde, 1° entspricht 4 Minuten. Zur besseren Unterscheidung schreibt man Stundenwinkel mit drei Nachkommastellen (Beispiel 2).

Beispiel 1 5 Stunden entsprechen 5 × 15° = 75°

Beispiel 2 158° entsprechen (158 : 15) = **10,533 Stunden** = 10 h 32 min

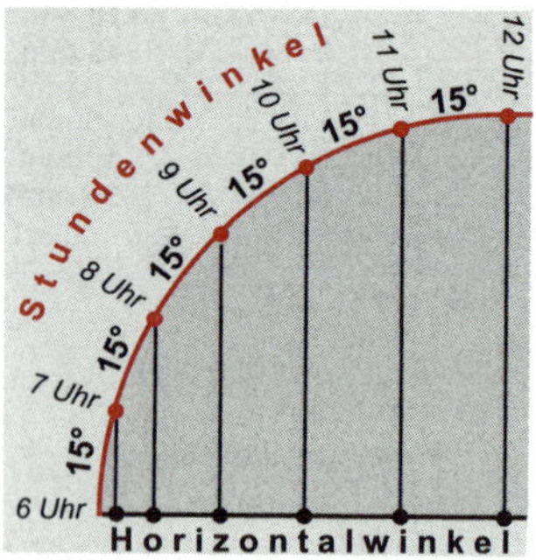

6-10 *Horizontalwinkel und Stundenwinkel der Sonne (schematisch). Die Abweichung ist je nach Breite, Jahres- und Tageszeit verschieden groß.*

Dabei gibt es zwei Besonderheiten:

- Bei Rechnungen wie 9.2.5 verwenden wir WOZ als **Dezimalzeit**, also 14,750 für 14:45 WOZ (45 : 60 sind 0,75).
- Die Gradzahl des Stundenwinkels S beträgt WOZ × 15. Aber er wird hier vom Mittagspunkt nach Osten und Westen gezählt, also

Stundenwinkel S = WOZ x 15 – **180°**

Beispiel **S** für 10:15 WOZ = 10,250 x 15 – 180° **= –26,25°** (– heißt vormittags)
S für 15:30 WOZ = 15,500 x 15 – 180° **= +52,5°** (+ heißt nachmittags)

Die Abweichung des Stundenwinkels vom *Horizontalwinkel* der Sonne (6-10) wächst äquatorwärts und ändert sich mit der Jahres- und Tageszeit.

Auf 50° N beträgt sie am 21. Juni und 21. September um 09:00 WOZ und 15:00 WOZ fast 25°. Man kann also die Uhr nicht einfach nach dem Horizontalwinkel der Sonne stellen.

6.3.5.1 Mittagssonne (6-11, Vordruck 9-02)

Um 12:00 Uhr *Ortszeit* steht die Sonne an allen Orten der Welt zu jeder Jahreszeit genau über dem Ortsmeridian. Ihr Kartenwinkel beträgt dann also 180° auf der Nordhalbkugel und 0° enf auf der Südhalbkugel. Hier genügt es also, den Richtungswinkel der Mittagssonne zur Wahren Ortszeit zu messen. Hierzu braucht man die Zeitgleichung des Kalendertags (9-01) und den Orts- und den Zeitmeridian des Standorts.

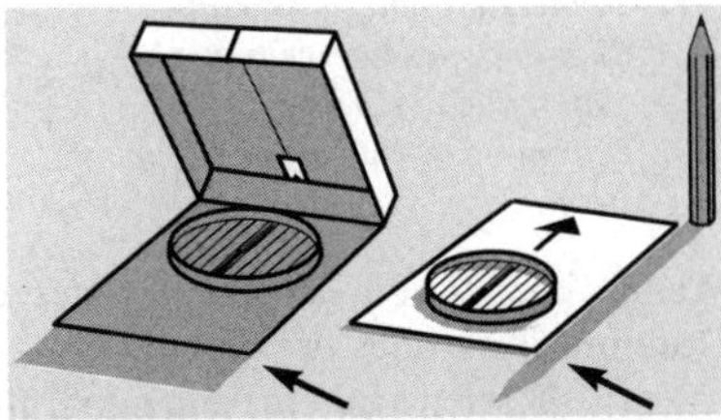

6-11 *Sonnenrichtung (Schatten) messen*

Rechtzeitig vor dem berechneten Zeitpunkt legt man den Kompass waagerecht auf eine helle, nicht magnetisch ablenkende Unterlage (Kartenrückseite). Beim Spiegelkompass klappt man den Deckel hoch, beim Linealkompass stellt man einen Stift senkrecht. Um 12:00 WOZ richtet man die Anlegekante des Kompasses nach dem Schatten und das Dosengitter nach der Kompassnadel aus.

Für D < B steht die Mittagssonne im Süden (180°), für D > B im Norden (0°). Die Abweichung der Nadel von S (oder N) ergibt die Größe und das Vorzeichen der Missweisung.

Beispiel Tag 21.03., Ortsmeridian 9°54' E
Zeitmeridian für MEZ = 15° E, Zeitgleichung für 21.03 = –7,2°
ΔL = (9°54' – 15°) = – 5,1°. 4 ΔL + zgl = (–20,4 – 7,2) min = –27,6 min
Mittagssonne = 12:00 Uhrzeit – (4 ΔL+ zgl) min
Mittagssonne um 12:00 + 27,6 min = **12:27:36 Uhr**

Doppelmessung. Wo die Mittagssonne zum Messen zu steil steht, misst man die Sonnenrichtung im gleichen zeitlichen Abstand vor und nach 12:00 WOZ. Als Geländewinkel zählt dann der Mittelwert.

»Steil« bedeutet hier »geringer Gradunterschied zwischen Deklination und geographischer Breite« und hängt auch vom Datum ab. So steht auf 20° N die Mittagssonne zwar am 20.05. und wieder am 23.07. senkrecht. Aber am 21.12. steht sie 46,5° hoch, ist also sehr gut messbar.

Beispiel 12:00 WOZ = 12:21 MESZ
Geländewinkel um 10:21 MESZ = 132°
Geländewinkel um 14:21 MESZ = 208°
Mittelwert = 170°. Geländewinkel kleiner als 180°,
Deklination = **+10**° (östlich)

6.3.5.2 Sonnenauf- und -untergang (6-12, Vordruck 9-03)

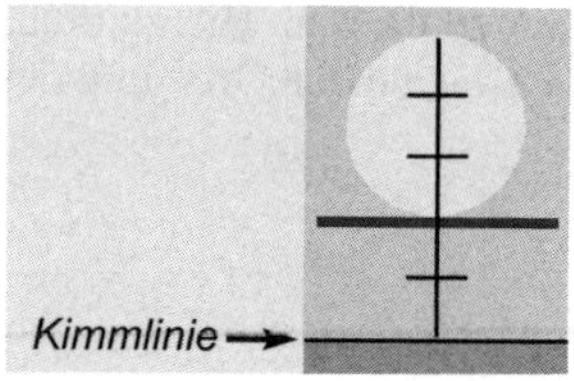

6-12 *Sonnenauf- und -untergang Richtung messen, wenn der Unterrand um 2/3 des Durchmessers über der Kimm steht*

Wenn – bei freiem Horizont – der Unterrand der Sonne um 2/3 ihres Durchmessers über der Kimm steht (6-12), ergibt sich die Sonnenrichtung (= »Kartenwinkel«) aus geographischer Breite und Deklination der Sonne:

Aufgangsrichtung RA = 90° – $\sin^{-1}$ (sin D : cos B)
Untergangsrichtung RU = 360° – RA

Beispiel In welcher Richtung geht am 20. August die Sonne auf?
B = N 55°, D = 12,39°
berechnete Sonnenrichtung (Kartenwinkel) = 68°
gemessene Sonnenrichtung (Geländewinkel) = 83°, Geländewinkel größer
Deklination = 15° westlich

Den genauen Zeitpunkt für die Messung der Aufgangs- oder Untergangsrichtung findet man mit der Rechnung

Aufgangszeit ZA (WOZ) = 1/15 $\cos^{-1}$ (tan B x tan D)
Untergangszeit ZU (WOZ) = 24.00 – ZA

Beispiel (Werte wie oben)
ZA = 1/15 $\cos^{-1}$ (tan 55 × tan 12,39) = 4,781 = 04:47 **WOZ**
ZU = 24.00 – 4,781 = 19.219 = 19:13 **WOZ**

Wenn WOZ in die Uhrzeit verwandelt ist (9.1.4), steht die Sonne zur berechneten Zeit in der errechneten Richtung.

In niedrigen Breiten ändert sich die Sonnenrichtung beim Auf- und Untergang sehr langsam, sodass man selbst dann noch ein brauchbares Ergebnis erhält, wenn Wald oder niedrige Berge den Horizont verdecken.

Im Internet werden unter »Tageslänge« zusätzlich zu den hier gezeigten rein rechnerischen Ergebnissen auch noch die Höhe des Standorts und »die umliegenden geographischen Gegebenheiten« berücksichtigt.

Um nur die ungefähre Zeit bis zum Sonnenuntergang abzuschätzen, genügen die Maße der eigene Hand (6.3.4): 15° Sonnenweg entsprechen einer Zeitstunde.

6.3.5.3 Beliebiger Zeitpunkt (Vordruck 9-05)

Die Sonnenrichtung lässt sich auch für jede andere Tageszeit berechnen. Das ist hilfreich, wenn der Horizont (Kimm, 4.4.3) gar nicht oder die Sonne nur zeitweise zu sehen ist:

- Gemessene Sonnenrichtung und genaue Uhrzeit festhalten
- Sonnenrichtung für WOZ (= »Kartenwinkel«) berechnen (Vordruck 9-05)
- gemessene (= »Geländewinkel« und berechnete Sonnenrichtung (= »Kartenwinkel«) vergleichen (6.3.3.3).

6.4 Missweisung ausgleichen

(Vorzeichen beachten!)

Nur wenn man einen Geländewinkel dort weiter verwendet, wo er gemessen wurde, wirkt sich die Missweisung nicht aus, z. B. wenn man von einem Berg aus einen Kirchturm peilt und anschließend nach dem Kompass dorthin geht.

Eine Zeichnung der drei Nordrichtungen (6-13) schützt vor Ablese-, Vorzeichen- und Rechenfehlern. Die Winkelgrößen dürfen darin gern

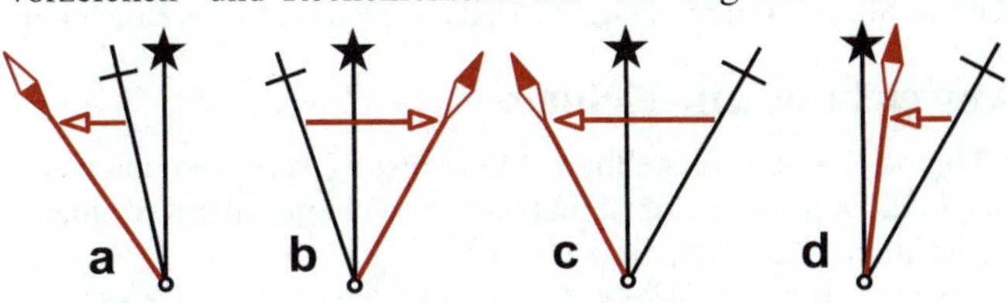

***6-13** Deklination, Nadelabweichung, Meridiankonvergenz*

a) Dek –8,7°	b) Dek +4,1°	c) Dek –3,8°	d) Dek +0,9°
Mer –2,2°	Mer –2,5°	Mer +1,1°	Mer +2,7°
Nad **–6,5°**	Nad **+6,6°**	Nad **–4,9°**	Nad **–1,8°**

übertrieben werden, aber das Lageverhältnis der drei Nordrichtungen muss stimmen.

Ausgleichen kann man die Missweisung auf drei Arten,
- rechnerisch: Einzelmessungen verbessern (6.4.1)
- mechanisch: die Nordmarke am Kompass verstellen (6.4.2)
- zeichnerisch: eine MaN-Linie in die Karte eintragen (6.4.3, 6-14, 6-15)

6.4.1 Einzelmessungen rechnerisch verbessern

Wer es sich zutraut, kann den Gradunterschied zwischen Karten- und Geländewinkel bei jeder Messung im Kopf zuzählen oder abziehen (6-06): bei westlicher Missweisung den Kartenwinkel vergrößern, Geländewinkel verkleinern, bei östlicher Missweisung den Kartenwinkel verkleinern, Geländewinkel vergrößern.
Zu empfehlen ist das nicht!

6.4.2 Nordmarke am Kompass verstellen

Bei allen guten Spiegelkompassen und einigen Lineal- und Peilkompassen lässt sich das Dosengitter gegenüber der Nordmarke verstellen. Damit wird am Kompass dieselbe Lage hergestellt wie im Gelände (6-10): dort steht bei *östlicher* Missweisung das Nordende der Magnetnadel rechts von GeN, also muss auch am Kompass die verstellbare Nordmarke auf dem Skalenring rechts von der Nordmarke stehen (bei westlicher Missweisung umgekehrt). Wenn man dann
- auf der *Karte* das Dosengitter an die verwendete Nordlinie der Karte anlegt (3.1) und
- im *Gelände* die Nadel auf die Nordmarke einspielen lässt,

ist die Missweisung für dieses ***Kartenblatt*** und dieses ***Jahr*** berücksichtigt.
Kompasse mit Stellschraube auf der Oberseite erleichtern das Einstellen.

6.4.3 Abweichung einzeichnen

Hat der Kompass keine verstellbare Missweisung, zeichnet man eine MaN-Linie in die Karte ein. Zur Berechnung braucht man die Kartenhöhe und eine Meridian- oder Gitterlinie (6-14):

Abweichung [mm] = tan (Missweisung) × Kartenhöhe [mm]

Beispiel: Kartenhöhe = 450 mm, Deklination = 5°
tan 5° = 0,0875
Abweichung = 450 × 0,0875 mm = 39 mm

Dann hebt man eine Nordlinie hervor, trägt am oberen Kartenrand die errechnete Abweichung seitwärts an und verbindet den Neupunkt mit dem Fußpunkt der Nordlinie (6-15). Diese Linie weist nach MaN.

1	Standort im Gradnetz	
2	Standort im UTM-Gitter	
3	Kartenhöhe [mm]	
	Abweichung im Gradnetz (Deklination)	
4	Deklination	
	GeN = gleiche Minutenzahl im oberen und unteren Kartenrand	
5	**seitliche Abweichung von GeN = tan (Deklination) × Kartenhöhe**	
	Abweichung im Gitter (Nadelabweichung)	
6	Deklination	
7	UTM-Zone	
8	**Hauptmeridian =** (UTM-Zone × 6) – 183°	
9	**Meridiankonvergenz =** (Orts- – Hauptmeridian) × sin (Breite*) Vorzeichen nach 5-08 und 6-01	
10	**Nadelabweichung =** Deklination – Meridiankonvergenz GiN = senkrechte Linien des eingedruckten Gitters	
11	**seitliche Abweichung von GiN = tan (Nadelabw.) × Kartenhöhe**	

*) Breite hier ohne Vorzeichen

***6-14** Missweisung einzeichnen, Vordruck*

		Island: Reykjavik		Norwegen: Kirkenes	
1	Standort im Gradnetz	64° 08' N 21° 56' W		69° 44' N 30° 03' E	
2	Standort im UTM-Gitter (GPS-Anzeige)	27W 0454568 [m] UTM 7112215 [m]		36 W 0385773 [m] UTM 7738198 [m]	
3	Kartenhöhe	397 mm		555 mm	
	Abweichung im Gradnetz (Deklination)				
4	Deklination	–14°45'	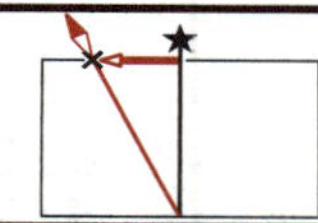	14°07'	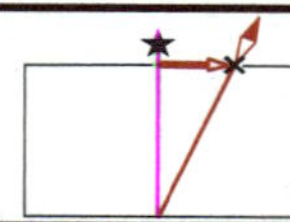
5	**seitliche Abweichung von GeN =** tan (Deklination) × Kartenhöhe	**–104,5 mm**		**139,6 mm**	
	Abweichung im Gitter (Nadelabweichung)				
6	Deklination	–14°45'		14°07'	
7	UTM-Zone	27		36	
8	**Hauptmeridian =** (UTM-Zone × 6) – 183°	**– 21°**		**33°**	
9	**Meridiankonvergenz =** (Orts- – Hauptmeridian) × sin (Breite*)	**–0,84°**	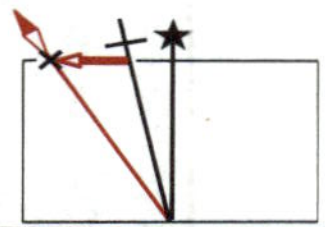	**–2,77°**	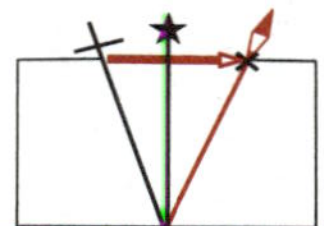
10	**Nadelabweichung =** Deklination – Meridiankonvergenz	**–13,91°**		**16,89°**	
11	**seitliche Abweichung von GiN =** tan (Nadelabweichung) × Kartenhöhe	**–98,3 mm**		**168,5 mm**	

*) Breite hier ohne Vorzeichen!

6-15 Bekannte Missweisung einzeichnen, Beispiele

Wenn man dann für die Kurs- oder Standortbestimmung das Dosengitter an die eingezeichnete MaN-Linie (oder eine Parallele dazu) anlegt, wird die Missweisung für dieses ***Kartenblatt*** und dieses ***Jahr*** ausgeglichen. Freilich ändert sie sich mit der Zeit, doch auch die Karte veraltet und sollte ausgetauscht werden.

Die Nadelabweichung *(aber nicht die Deklination)* ändert sich beim Überschreiten eines ***Grenzmeridians*** schlagartig um die doppelte Meridiankonvergenz (6-16).

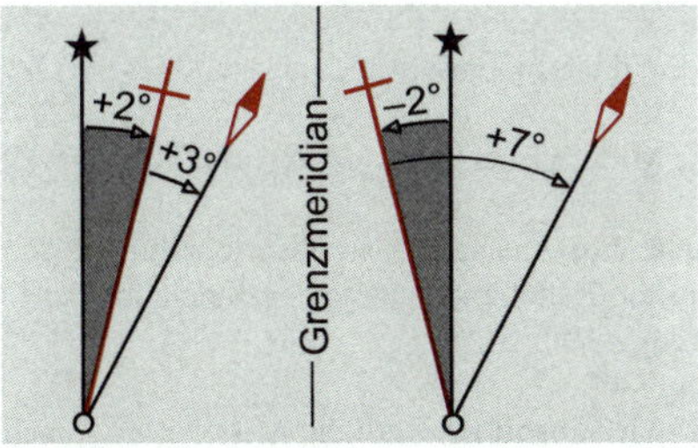

6-16 *Nadelabweichung am Grenzmeridian, hier Nordhalbkugel, links westlich, rechts östlich*

6.4.4 Überprüfen

Die Verfahren 6.4.1 bis 6.4.3 dürfen *auf keinen Fall doppelt* angewandt werden. Gleichgültig, ob die Missweisung nach Kartenangaben, aus dem Internet, aus dem Gelände oder nach Himmelskörpern ermittelt ist, ob sie an eine Meridianlinie oder an eine Gitterlinie angetragen wurde: Fehlerfrei gerechnet und gezeichnet, müssen MaN-Linien auf dem Kartenblatt parallel verlaufen.

6.5 Übungen

6.5.1 a) Wie groß ist der Geländewinkel bei Nadelabweichung +7° und Kartenwinkel 174°?
b) bei Geländewinkel 50° und Nadelanweichung –5°?
c) Wie groß ist die Missweisung bei Kartenwinkel 117° und Geländewinkel 125°?
6.5.2 Eine Peillinie hat den Geländewinkel 093°. Welche Gradzahl stellen Sie am Kompass für die MaN-Linie ein?
6.5.3 Sie haben den Polarstern gepeilt und das Dosengitter nach der Kompassnadel ausgerichtet. Wie ist die örtliche Deklination bei
a) Gradzahl 352°, b) 014°,?
c) Wie groß ist die Deklination, wenn Sie die Sonnenrichtung um 12:00 Uhr WOZ mit 168° gemessen haben?
d) Wie ist die Deklination, wenn Sie die Mitternachtssonne (24:00/00:00 Uhr WOZ) mit 345° gemessen haben?
6.5.4 Um wie viel und nach welcher Seite muss man am oberen Kartenrand von den senkrechten Gitterlinien abweichen, um die Nadelabweichung auszugleichen bei
a) Kartenhöhe 30,7 cm, Nadelabweichung +10,5°?
b) Kartenhöhe 40 cm, Nadelabweichung –4°
6.5.5 Ermitteln Sie für Ihren Wohnort/Urlaubsort die örtliche Missweisung nach einer Peillinie, nach dem Polarstern, nach einem Stern auf dem Himmelsäquator, nach der Mittagssonne, und nach dem Sonnenauf- oder -untergang vergleichen Sie die Ergebnisse (nur bei Missweisung größer als 2°)

7. Verhalten in Notlagen

Grob orientieren kann man sich auch ohne Kompass und GPS, aber nicht überall und nicht jederzeit. Denn schon bedeckter Himmel schließt mehrere Möglichkeiten aus. Dann sind vier Aufgaben mit Notbehelfen zu lösen:

- Himmelsrichtung bestimmen (7.1),
- daraus den Kurswinkel ableiten (7.2.1),
- den Kurswinkel ins Gelände übertragen (7.2.2),
- die Richtung einhalten (7.2.3).

Nützlich sind dazu: top. Karte, richtig gehende Zeigeruhr, Nadel oder Draht, Batterie, Taschenrechner, Höhenmesser, Fernglas. Und es hilft, wenn man den Kurswinkel, die ungefähre Breite / Länge und die Höhe des Standorts und die örtliche Missweisung kennt, etwas über das Wandergebiet weiß und bisher die Augen und Ohren offen gehalten hat.

7.1 Himmelsrichtung bestimmen

7.1.1 Nadelkompass (2-09g)

Eher findet man in einer Wandergruppe eine Nadel oder Büroklammer als »Flechten und Moose auf der Wetterseite von Bäumen«.

Eine magnetisierte Stahlnadel steckt man in ein Stück Stroh- oder Grashalm, ein kleines Blatt oder Papierstück, Rinde oder Kork. In einem Teller mit Wasser oder in einer windgeschützten Pfütze schwimmend, richtet sie sich in weniger als einer Minute zuverlässig nach MaN aus. Allerdings muss man noch nach Sonnenrichtung / Uhrzeit oder nach Geländemerkmalen feststellen, welches Ende der Nadel nach Norden zeigt.

Ablenkende Gegenstände (34) sind noch weiter als beim Kompass entfernt zu halten. Um Zufallsergebnisse auszuschließen, wiederholt man den Versuch, am besten auch noch mit einer anderen Nadel. Der Zeitaufwand ist gering, die Messung ist unabhängig von Sicht, Wetter, geographischer Breite, Tages- und Jahreszeit, und sie ist leicht wiederholbar.

7.1.2 Sonne

Die Verfahren 7.1.2.1 und 7.1.2.2 liefern nur die *ungefähre* Richtung nach GeN, weil sie die geographische Breite, den Kalendertag, den Abstand vom Zeitmeridian und die Missweisung nicht berücksichtigen.

1. Sonne und Zeigeruhr

Mit einer Zeigeruhr hat man zwei Möglichkeiten:

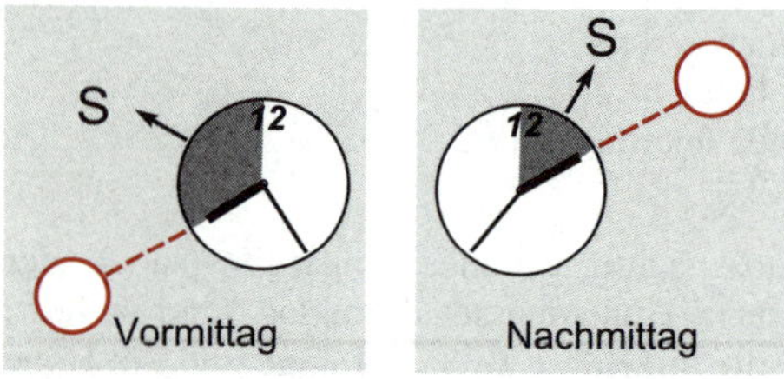

7-01 *Südrichtung nach Sonne und Zeigeruhr*

1. Den kleinen Zeiger der Uhr nach der Sonne richten, besser noch die Stelle des Zifferblatts, wo der kleine Zeiger zur Wahren Ortszeit stehen würde.
Süden *(südlich von B = D: Norden)* liegt dann ungefähr in der Mitte zwischen dieser Stelle und der 12, vormittags bei den Vormittags-, nachmittags bei den Nachmittagsstunden.

2. Mit der Uhrzeit Z als Dezimalbruch (z. B. 14,750 für 14:45 Uhr) und der 12 für Nord ist die *ungefähre* Sonnenrichtung = Z × 15 [°]
Das Verfahren versagt in niedrigen Breiten. Jedenfalls handelt es sich nur um Groborientierung, abhängig von Datum und Uhrzeit.

2. Schattenlänge (7-02)

Der Schatten hilft auch dann noch, wenn man mit völlig leeren Händen dasteht. Die Messung verlangt keine Uhrzeit, dauert aber mehrere Stunden.

- Vormittags an einer ebenen Stelle einen Stock senkrecht in die Erde stecken und das Schattenende kennzeichnen,
- mit der Schattenlänge einen Kreis um den Fußpunkt des Stocks schlagen,
- wenn am Nachmittag das Schattenende erneut auf dem Kreis liegt, den Winkel zwischen den beiden Schattenrichtungen halbieren.

Wo (bei B > D) die Sonne von links nach rechts läuft, erhält man so GeN.

7-02 *GeN mithilfe der Schattenlänge*
Roter Pfeil = Weg des Schattens
a) senkrechter Schattenstab
b) Kreis um den Stab
c) Schnittpunkt am Vormittag
d) Schnittpunkt am Nachmittag
e, f) gleichgroße Kreise um die Schnittpunkte

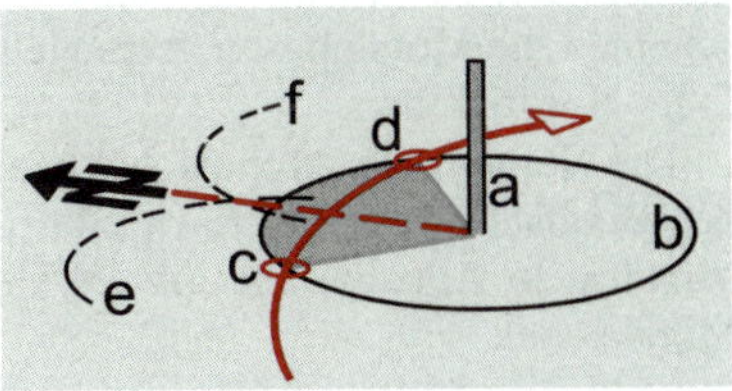

3. Sonne und Sterne (6.3.4, 6.3.5)

Nach 6.3.4 und 6.3.5 bestimmte Richtungswinkel liefern GeN und können als Ausgangsrichtung für einen Kurswinkel dienen.

4. Schattenspitzen

Dieses Verfahren wird nur erwähnt, um davor zu warnen. Denn die möglichen Richtungsfehler würden eine lange Liste von Fallunterscheidungen erfordern.

Die Anweisung (in militärischen Schriften) lautet: »Man steckt einen Stock in die Erde und kennzeichnet das Schattenende. Nach etwa 10 Minuten markiert man das neue Schattenende. Eine Linie vom ersten zum zweiten Punkt weist nach Osten«.

Das trifft aber nur zur Tag- und Nachtgleiche und für B > D zu, sonst je nach Breite, Jahres- und Tageszeit mit wechselnder, teilweise sehr großer Abweichung.

7.1.3 Mond (7-03)

- Die Mondphase schätzen oder nach der Tageszeitung oder dem Taschenkalender feststellen; der Vollmond zählt 12/12, der Halbmond 6/12.
- Die geschätzten Zwölftel bei *zunehmendem* Mond von der Ortszeit (0 bis 24 Uhr) abziehen; bei *abnehmendem* Mond zuzählen.
- Die entsprechende Stelle des Zifferblatts auf den Mond richten.

Das Verfahren eignet sich nur zur Groborientierung.

Beispiel Nordhalbkugel. Beobachtungszeit 19 WOZ
Mond 3/12, zunehmend

3 von WOZ abziehen
19 – 3 = 16 = **ungefähr Sonnenstand von 16 WOZ**
Das Zifferblatt mit der Zahl 4 auf den Mond richten.

Auf **nördlichen Breiten** liegt die allgemeine Südrichtung ungefähr in der Mitte zwischen dieser Stelle und der Ziffer 12. Auf **südlichen Breiten** erscheinen die Mondphasen gespiegelt, und das Verfahren ergibt die ungefähre Nordrichtung.

Die Neigung der Mondsichel hängt ab von der geographischen Breite des Beobachtungsortes sowie von der Deklination der Sonne und des Mondes. In Äquatornähe gibt es Übergangsformen, z. B. eine liegende Mondsichel.

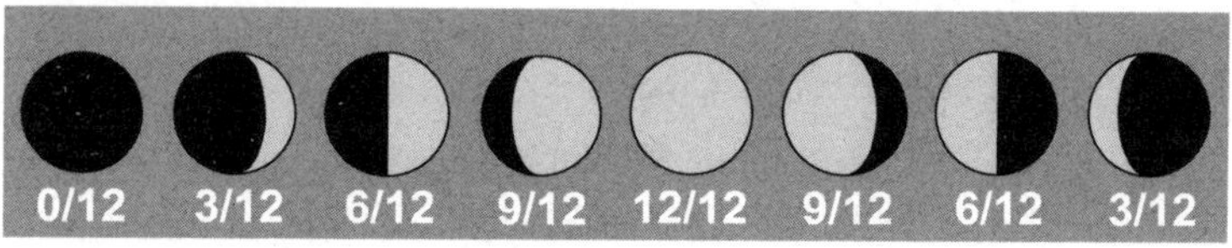

7-03 *Mondphasen auf der Nordhalbkugel (auf der Südhalbkugel spiegelverkehrt)*

7.2 Kurs bestimmen und einhalten

7.2.1 Kurswinkel finden

Die gefundene Himmelsrichtung ist noch nicht der Kurswinkel, und ohne Kompass sind wir auch ohne Winkelmesser.

Zifferblatt. Der Winkel zwischen zwei Ziffern beträgt 30°. Mit der 12 als Nordmarke steht dann die 3 (= 90°) für Osten, die 6 (= 180°) für Süden und die 9 (= 270°) für Westen So lässt sich von der gefundenen Himmelsrichtung her auch jede andere Richtung ungefähr bestimmen.

Richtung als Minutenzahl = Gradzahl : 6
Gradzahl = Minutenzahl x 6

Beispiel Kurswinkel = 228°
228 : 6 = 38
Auf dem Zifferblatt (mit Ziffer 12 für Norden) **= 12:38**

Ohne Uhr zeichnen Sie einen Kreis auf den Boden. Vom Mittelpunkt aus ziehen Sie eine Linie zur gefundenen Himmelsrichtung, leiten von dort aus mit Halbieren und Dritteln die Nordrichtung ab und arbeiten sich von N aus an die Gradzahl des Kurswinkels heran.

7.2.2 Winkel ins Gelände übertragen

Die Karte wird eingenordet und waagerecht aufgelegt oder gehalten. Einen Stift, Halm oder längsgefalteten Papierstreifen richtet man so aus, dass er Standort und Ziel verbindet. Darüber hinweg sucht man sich ein Hilfsziel.

Ohne Karte hält man einen Stift, Halm oder Stock über dem Zifferblatt oder der Zeichnung in die Richtung des Kurswinkels, peilt daran entlang und wählt ein möglichst weit entferntes Hilfsziel.

7.2.3 Richtung einhalten

Ohne (Behelfs-)Kompass lässt sich die Messung nicht beliebig oft wiederholen, also auch nicht jederzeit der Kurswinkel berichtigen oder neu ermitteln. Auf den«Richtungssinn« ist kein Verlass (64).

Nach der Sonne. Auf kurzen Strecken hält man die Richtung ein, wenn man so geht, dass man die **Sonne** oder den eigenen **Schatten** im gleichen Winkel vor oder neben sich hat. Eine Vorstellung von der täglichen Sonnenbahn in verschiedenen Breiten (3.3.6) ist dabei nützlich.

Zwischen den Wendekreisen braucht man den Kurswinkel bis etwa 10 Uhr und wieder ab 14 Uhr über mehrere Stunden kaum nachzubessern. In hohen Breiten stimmen Sonnenrichtung und Stundenwinkel am besten überein. Von WOZ ausgehend, berücksichtigt man das Weiterwandern der Sonne mit der Rechnung:

Ungefähre Sonnenrichtung *= Ortszeit als Dezimalbruch × 15.*

Beispiel 08:23 WOZ
Dezimalbruch = 8 + 23/60 = 8,383
ungefähre Sonnenrichtung = (8,383 × 15)° = **126**°

Nach der Windrichtung. Bei stetigem Wind in offenem Gelände geht man so, dass man ihn ständig aus derselben Richtung spürt. Von Genauigkeit kann dabei nur bedingt die Rede sein. Aber wenn man darauf angewiesen ist, wird man auch bescheidener. Bei Seitenwind neigt man dazu, sich in den Wind zu drehen.

7.2.4 Ortsfeste Orientierungshilfen

- Die Richtung des Gletscherschliffs bleibt auf ebenen Flächen über längere Strecken unverändert.
- Felsen und Schären sind geglättet auf der Seite, von der das Eis kam, auf der Gegenseite deutlich rauer und steiler.
- Bei Drumlins (18) weist die Längsachse in die Stoßrichtung des Eises.
- Alleinstehende, dem Wind ausgesetzte Bäume neigen sich aus der Hauptwindrichtung weg; in die gleiche Richtung wachsen die längsten Zweige.
- Auf der Nordhalbkugel ist Süden die Seite, wo es Weinberge gibt, wo der Schnee am frühesten wegschmilzt, wo Baum- und Schneegrenze höher liegen, wo die rote Waldameise bevorzugt ihre Bauten anlegt und wo bei trigonometrischen Punkten »TP« steht.
- Schneereste an Stufen und in Mulden halten sich auf der Nordhalbkugel am längsten im Nordosten.
- Zugvögel halten eine feste Flugrichtung ein.

Dass Satellitenschüsseln »nach Süden« ausgerichtet sind, trifft nur für mittlere und hohe Breiten auf der Nordhalbkugel ungefähr zu. Denn Fernsehsatelliten stehen ortsfest über dem Äquator, im Westallgäu z. B. für die deutschen Programme in 161°, für türkische in 170°.

Weitere Orientierungshilfen sind Leit- und Auffanglinien wie Bergkämme und Täler, Flüsse und Seensysteme, Geländeneigung, Schichtung des Gesteins, aber auch »sprechende« Ortsnamen (4.7).

»Vorübergehend ortsfeste« Hilfen sind Sand- oder Schneefahnen hinter Hindernissen (Bäume bis Grashalme), ebenso die Richtung, in der Eisregen angefroren ist oder in der sich Reif – oft fast brettartig – an Gräser, Zweige und Bäume angesetzt hat.

Es lohnt auch zu lauschen, ob Geräusche auf fließendes Wasser, Verkehr, Menschen oder Siedlungen hinweisen. Selbst Kuhglocken sind hilfreich, denn von jeder Bergweide führt ein Weg ins Tal. Hörgesunde können die Richtung einer Schallquelle auf 2° genau orten.

Mitwanderer. Wo auf einer kurzen Strecke große Genauigkeit verlangt ist, kann man Mitwanderer so einweisen, dass zwei mit Abstand in der Kursrichtung stehen, dann aufschließen und den Vorgang wiederholen. Aber wegen der Wartezeiten und der erschwerten Verständigung wird das lästig.

*

Wer sich beim Lesen gedacht hat, dass es einfacher wäre, einen Zweitkompass einzustecken, hat vollkommen Recht. Doch unterwegs gilt nur: »Man nehme, was man hat (oder findet oder weiß)«.

7.3 Verirrt

Da Orientierung kein Selbstzweck ist, kann und soll sie nicht laufend die volle Aufmerksamkeit beanspruchen. Also wird man auch nicht jederzeit seinen genauen Standort kennen. Dann kann man freilich auch keinen Kurswinkel bestimmen. Aber »verirrt« ist man erst, wenn einen dieser Zustand seelisch belastet.

Wir können drei Stufen der Verlorenheit unterscheiden:

»Ich bin auf dem richtigen Weg, aber ich weiß nicht wo.«

Ich suche also meinen Standort auf der Standlinie.

Denkbare Fehler: Kartenmaßstab nicht beachtet; Gehzeit falsch geschätzt; falsche Schrittlänge angesetzt.

Mögliches Vorgehen:

- Weitergehen bis zur nächsten Auffanglinie oder bis zu einem eindeutigen Geländemerkmal.
- An Einzelheiten auf dem letzten Wegstück erinnern; auf der Karte suchen, wo sie in der zutreffenden Reihenfolge dargestellt sind.
- Verfahren mit Standlinie (92).

»Ich habe meinen Weg verloren.«

Ich brauche ein Verfahren ohne Standlinie.

Denkbare Fehler: Markierungen oder Abzweigungen übersehen; Missweisung nicht oder falsch berücksichtigt (Deklination und Nadelabweichung verwechselt?); Kurswinkel ungenau ermittelt oder eingestellt (Gegenrichtung?); Hilfsziele nicht sauber bestimmt; beim Umgehen die Schrittzahl nicht ausgeglichen; Höhenmesser falsch eingestellt oder abgelesen; falsche GPS-Grundeinstellungen; GPS-Höhe nicht auf die Kartenhöhe umgerechnet; 2-D- statt 3-D-Anzeige; Grenzmeridian überschritten; Gitter falsch eingezeichnet oder beziffert; falsche Zählrichtung; Ostwert/Nordwert vertauscht.

Mögliches Vorgehen:

- Zurückgehen bis zu dem Punkt, wo der Kurs noch stimmte; den Fehler suchen und vermeiden.
- Kreuzpeilung (4.3) oder Horizontalwinkel (4.4).

- Ausweichziel suchen.
- Suchen nach 7.4.

»Die Karte stimmt überhaupt nicht mehr.«
Vielleicht zeigt sie nur nicht den neuesten Stand. Ernst wird es erst, wenn das Relief der Umgebung nicht zum Kartenbild passt

Jetzt nicht in Panik geraten und schneller gehen oder planlos und wiederholt die Richtung wechseln oder Schuldige suchen, sondern sofort anhalten!

Mögliches Vorgehen:
- **Umschauen**, möglichst von einem höher gelegenen Punkt. Karte einnorden. Überlegen, wie die Umgebung im Kartenbild aussehen müsste und auf der Karte die entsprechende Stelle suchen.
- **Zurückdenken** und schriftlich festhalten, wie man gegangen ist und was man in welcher Reihenfolge gesehen hat.
- Horizontalwinkel zeichnen und auf der Karte verschieben (4.10).
- Einer eingezeichneten Kurslinie bis zu einer Auffanglinie folgen.
- Wanderung abbrechen und zu einer Auffanglinie gehen.

Allgemeine Regeln für diese Lage sind:
- In besiedelten Gegenden sind Waldflächen begrenzt und liegen meist dort, wo Landwirtschaft nicht lohnt, z. B. auf den Höhen. Wer immer wieder die Richung wechselt, kann es aber auch dort schaffen, nie einen Waldrand zu erreichen. Darum: bergab gehen oder die einmal eingeschlagene Richtung bis zum Waldrand einhalten; dem Waldrand bis zu einem Weg und dem Weg bis zu einer Straße folgen.
- Wegen und Wasserläufen abwärts folgen. So stößt man am ehesten auf Siedlungen oder Menschen. Bei Gebirgsbächen ist allerdings mit Wasserfällen zu rechnen.
- In einem Gelände, in dem Absturzgefahr besteht, bei Nebel oder Dunkelheit abwarten, bis man wieder genügend sieht.
- Ob man auf einen Pfad oder nur auf einen Wildwechsel gestoßen ist, zeigt sich an Stellen mit tief hängenden Zweigen: Muss man sich wiederholt bücken oder gar kriechen, ist es nur ein Wildwechsel.

7.4 Planmäßig suchen

Punkt (7-04a)

Um im Zielgebiet einen Punkt zu suchen, gehen Sie nach dem Kompass in rechten Winkeln und verlängern jede Seite des (wachsenden) Vierecks um die gleiche Schrittzahl, um knapp doppelt so viel, wie Sie nach einer Seite gut überblicken. So lassen Sie, wenn Sie nach beiden Seiten schauen, keine Stelle aus und vermeiden doppelte Wege.

Zurück finden wir von jedem Eckpunkt aus auf einem Diagonalkurs (= letzter Kurswinkel ± 135°). Wenn wir sauber gearbeitet haben, stehen wir *nach 7/10 der Schrittzahl der letzten Teilstrecke* in Sichtweite des Ausgangspunkts.

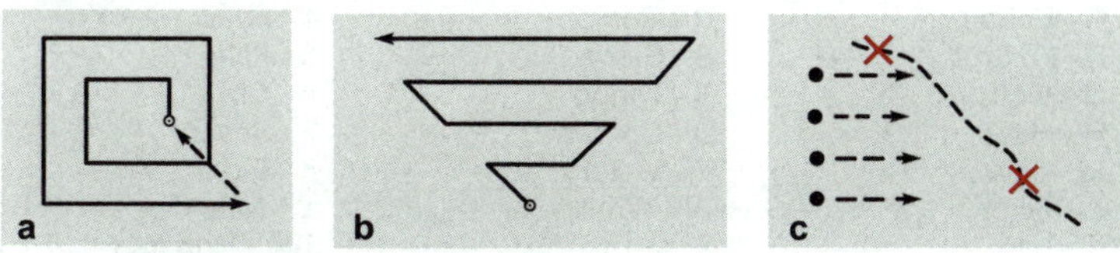

7-04 *Planmäßige Suche mit Kompasshilfe*
a) Suche nach einem Punkt im Zielgebiet: Spirale
b) Suche nach einer Richtung: Fächer
c) Suche nach einer Wegmarkierung: spitzer Winkel zur Spur; in der Gruppe in Sichtweite nebeneinander gehen

Richtung (7-04b)

Brauchen wir nur in einer Richtung zu suchen (etwa weil wir nach dem Wasserholen das Zelt nicht mehr finden), verspricht ein Suchkurs in Form eines breiten Fächers (Kursänderung jeweils ± 45°/135°) den sichersten Erfolg.

Weg, Spur (7-04c)

Wegmarkierungen oder eine undeutliche **Spur** findet man leichter im spitzen Winkel zum vermuteten Verlauf. Eine Gruppe geht dabei in Linie, auf Sichtweite auseinandergezogen.

7.5 Rettung

7.5.1 Signale

Verständigung innerhalb der Wandergruppe

Wenn jedes Mitglied einer Wandergruppe eine Trillerpfeife hat, können vereinbarte Signale die Gruppe wieder zusammenführen, z. B. »Wo seid ihr?« (. – . [r]) und »Hierher kommen!« (– – . . [z]), »Bleib, wo du bist« – . . – [= ×], und man kann auch morsen (7-05).

A - Alpha	• –	N - November	– •	0 - Zero	– – – – –
B - Bravo	– • • •	O - Oscar	– – –	1 - One	• – – – –
C - Charlie	– • – •	P - Papa	• – – •	2 - Two	• • – – –
D - Delta	– • •	Q - Quebec	– – • –	3 - Three	• • • – –
E - Echo	•	R - Romeo	• – •	4 - Four	• • • • –
F - Foxtrot	• • – •	S - Sierra	• • •	5 - Five	• • • • •
G - Golf	– – •	T - Tango	–	6 - Six	– • • • •
H - Hotel	• • • •	U - Uniform	• • –	7 - Seven	– – • • •
I - India	• •	V - Victor	• • • –	8 - Eight	– – – • •
J - Juliet	• – – –	W - Whisky	• – –	9 - Nine	– – – – •
K - Kilo	– • –	X - X-ray	– • • –	100 - Hundred	
L - Lima	• – • •	Y - Yankee	– • – –	1000 - Thousand	
M - Mike	– –	Z - Zulu	– – • •	Komma - Decimal	

***7-05** Buchstabieren und Morsen (international)*

Alpines Notsignal

6 Zeichen innerhalb einer Minute, – anschließend

- 1 Minute Pause, – dann wieder
- 6 Zeichen in der Minute und 1 Minute Pause, bis Antwort kommt.

Hörbare Zeichen können Rufen, Pfeifen, Schießen sein. Als *sichtbare Zeichen* dienen Heben oder Schwenken eines gut sichtbaren Gegenstands (Kleidungsstück von auffälliger Farbe), Spiegelung, Taschenlampe oder Laterne, Rauch oder Feuer (in den Pausen abgedeckt), auch Rauch- oder Leuchtpatronen.

Als Orientierungshilfe für die Retter sollten sie aufrecht erhalten werden, bis die Verbindung hergestellt ist. Nur das eingehaltene Zeitschema beweist, dass es sich um Notsignale handelt.

Die *Antwort der Retter* besteht aus 3 Zeichen in der Minute und einer Minute Pause – bis die Verbindung hergestellt ist.

Dauerzeichen. Daneben stellt man, solange die Kraft reicht, Dauerzeichen her. Suchtrupps und -flugzeuge halten Ausschau nach jedem ungewöhnlichen Merkmal. Schon die offen stehende Tür einer unbewohnten Hütte erregt Aufmerksamkeit. Am weitesten sichtbar ist bei Tage Rauch, bei Nacht Feuerschein. Dazu muss genügend Brennstoff bereit liegen, für das Feuer trockenes Holz, für den Rauch außerdem frisches oder nasses Holz, feuchtes Moos, Gras oder Laub. Auch Schriftzeichen (SOS oder MAYDAY) oder ein Kreuz – aus Steinen, Zweigen, Kleidungsstücken oder in den Schnee getreten – fallen auf. Eine so gekennzeichnete Stelle darf man dann aber nicht mehr verlassen.

Notruf *(Deutschland: Polizei 110, Rettungsleitstelle 112).* Bei einem Notruf ist **zuerst mit Worten** die ungefähre Lage des Notfallorts zu beschreiben, ausgehend vom nächsten (größeren) Ort. Erst auf Nachfrage gibt man auch Koordinaten an.

Um Hörfehler zu vermeiden, werden *Buchstaben* mit dem Buchstaben-Alphabet (7-05) oder mit selbst gewählten Hilfswörtern verdeutlicht (z. B. »A wie Apfel«) und *Zahlen* als Einzelziffern genannt, mit »zwo« für 2.

Das Gespräch darf man nicht von sich aus beenden, damit noch weitere Fragen gestellt werden können.

Ausführliche Hinweise zu ***Notfall-Funk*** bei Wirth, Erste Hilfe unterwegs (9.7)

what3words (Drei-Wort-Adressen). Ein neueres Verfahren, um den Standort oder eine Anschrift eindeutig zu benennen, verwendet normale Wörter anstelle von Koordinaten. Dazu teilt es die ganze Welt in Quadrate von 3 × 3 m ein und bezeichnet – in vielen Sprachen – jedes dieser Quadrate mit drei Wörtern. So findet man den Ort ohne weitere Angaben, kann eine Adresse leichter mündlich weitergeben und sie auch in entsprechend eingerichteten Kartenprogrammen aufsuchen. Die gleichnamige App ist sehr handlich und wird laufend erweitert.

7.5.2 Hubschrauber

Verständigung

Farbe **Grün** oder **Y**-Haltung (= **YES**: beide Arme schräg hoch)	auf Fragen **JA** an Hubschrauber **HIER LANDEN** allgemein **WIR BRAUCHEN HILFE**

Farbe **Rot** oder **N**-Haltung (= **NO**: ein Arm schräg hoch, ein Arm schräg abwärts)	auf Fragen **NEIN** an Hubschrauber **NICHT LANDEN** allgemein **WIR BRAUCHEN NICHTS**

Landeplatz. Ein Hubschrauber-Landeplatz sollte so beschaffen sein:

- Freier Platz von mindestens 25 m Durchmesser, für Nachtlandungen etwa 50 mal 50 Meter oder 50 m Durchmesser.
- Ebenes Gelände: keine Querneigung, keine Mulde.
- Untergrund so fest, dass man mit Schuhen nicht einsinkt. Pulverschnee festgetreten.
- An- und Abflugrichtung frei von Hindernissen über 15 m Höhe (Freileitungen und Liftkabel sind aus der Luft kaum zu erkennen!).
- Am Landeplatz und in der Nähe keine Gegenstände, die aufgewirbelt werden könnten (Decken, Zelte, Planen, Kleidungsstücke, Handtücher, Papierfähnchen).
- Keine Stangen, Skier, Skistöcke *senkrecht* im Schnee.

Einweisen zur Landung. Rauch oder eine Fahne außerhalb des Landeplatzes zeigt die Windrichtung an. Der Einweiser trägt nach Möglichkeit rote Kleidung. Er stellt sich *mit dem Rücken gegen den Wind* so auf, dass er über den Platz hinweg den anfliegenden Hubschrauber sieht. Durch Y-Haltung gibt er sich als Einweiser zu erkennen und sucht Blickverbindung zum Piloten, der im Hubschrauber auf dem rechten Platz sitzt, vom Einweiser aus gesehen also links.

Mit beiden ausgestreckten Armen gibt er Armzeichen zur Landung:

nach unten	**TIEFER**	zum Körper hin	**VOR**
nach oben	**HÖHER**	vom Körper weg	**ZURÜCK**

Bei Dunkelheit verwendet er dazu Leuchten, ohne jedoch die Besatzung zu blenden.

Dem gelandeten Hubschrauber nähert man sich erst auf ein Zeichen eines Besatzungsmitglieds oder wenn der Rotor steht, immer gebückt, von der Talseite und im Blickwinkel des Piloten, wegen des Heckrotors niemals von hinten.

Windenbergung. Wenn der Hubschrauber nicht landen kann, wird an einem Windenseil ein Helfer herabgelassen, der sich um alles Weitere kümmt.

7.6 Übungen

7.6.1 Welche Zeigerstellung entspricht a) 288° b) 096° c) 204°, wenn die Ziffer 12 für Nord steht?

7.6.2 Sie peilen ein Ziel mit »17 Minuten«, wenn die Ziffer 12 auf den Polarstern gerichtet ist. Wieviel Grad hat der Richtungswinkel?

7.6.3 Magnetisieren Sie eine Nadel und stellen Sie einen Nadelkompass her. Vergleichen Sie die Richtung der schwimmenden Nadel mit der Kompassanzeige.

7.6.4 *(7-02)* Bestimmen Sie eine Nordrichtung nach der Schattenlänge.

7.6.5 Wie hoch steht der Polarstern a) in Oslo, b) in Kiruna, c) in Kairo, d) in Ankara?

8. Karte berichtigen und ergänzen

Vordruck 8-05

8.1 Aufnahme allein mit dem Kompass

Neben dem Kompass braucht man ein Blatt Kästchenpapier und einen spitzen Stift. Das Papier bekommt einen Nordpfeil und parallele Nordlinien im Abstand von 2 cm. Ein Klemmbrett und *Vordruck 8-05* erleichtern die Arbeit. Bei Kälte oder Nässe hilft ein Diktiergerät.

Für den **Aufnahmemaßstab** gelten nur zwei Bedingungen,
- ein Wegabschnitt sollte auf ein Blatt passen,
- die Schrittlänge soll möglichst gleich bleiben.

Von der Gesamtlänge und von den Krümmungsradien hängt dann ab, ob man für den Doppelschritt einen halben, einen, zwei oder fünf Millimeter ansetzt, denn Millimeter-Bruchteile kann man nicht zeichnen.

Die **Missweisung** spielt beim Aufnehmen keine Rolle, denn der Streckenzug wird ausgerichtet, wenn man ihn – auf das Sollmaß verkleinert – zwischen Festpunkte der Kartengrundlage einspannt (Ausnahme: Wechsel zwischen Kompass und GPS, 8.2.3).

Alle **Einzelaufgaben** fallen in eine der sechs Gruppen
- Streckenzug (Weg, Bach, Waldrand),
- Punkte neben der Strecke (Hütte, Hochsitz, Skilift),
- Umriss einer Fläche (Kahlschlag, Aufforstung, Baggersee),
- Punkte in einer Fläche (Einzelbäume, Erdfälle, Masten),
- indirekte Entfernungsmessung (Breite eines Flusses)
- Höhe und Neigung.

8.1.1 Streckenzug

Man beginnt mit durchlaufenden Wegen oder mit dem Umriss. Als Anfangs- und Endpunkte wählt man Stellen, die auf der Karte dargestellt sind, oder ***GPS***-Standorte. Denn nur ein geschlossener Streckenzug kann später auf den Kartenmaßstab verkleinert werden.

Richtung und Entfernung werden für jede Teilstrecke als Kompasswinkel und Schrittzahl (Doppelschritte) ermittelt. Die Meßstrecken werden zügig abgeschritten, so erreicht man am ehesten eine gleichmäßige

Schrittlänge. Wir gehen in gerader Linie auf ein Zwischenziel zu und zählen Doppelschritte, bis wir den Weg verlassen müssten (8-01a). Dort tragen wir die Werte ein und zeichnen den Abschnitt. Anschließend messen wir von dieser Stelle aus Richtung und Länge des nächsten Abschnitts.

Es ist unzweckmäßig, kilometerlange Strecken in einem Stück aufzunehmen. Besser bildet man kurze, geschlossene Abschnitte, entweder mithilfe von Bächen, Weggabeln, Grenzpunkten, Waldrändern oder mit ***GPS***-Standorten.

Wenn Windungen eines Weges nur eine oder zwei Wegbreiten ausmachen, bleiben sie unberücksichtigt, denn im Endmaßstab verschwinden sie in der Strichstärke. Bei stark gewundenen Bächen (8-01b) beschränkt man sich auf die Hauptrichtungen und trägt die Schlingen zwischen den Messpunkten später nach.

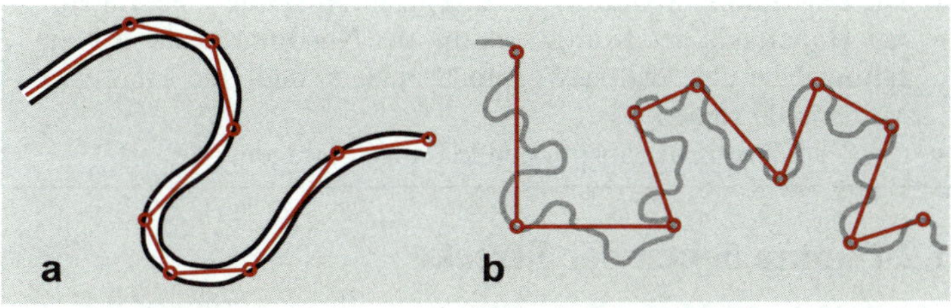

8-01 *Krümmungen teilt man in gerade Teilstrecken, um Richtungswinkel zu messen.*

Zum **Zeichnen** wird der Kompass – anders als bei der Standortbestimmung – mit dem Hinterende angelegt, und man zieht einen Strich zum Vorderende und trägt darauf die Länge ab. Abzweigungen bekommen einen kurzen Strich in der Richtung ihres ersten Teilstücks.

Streckenzug schließen. Wenn ein Weg im Wald endet oder ein Bach bis zur Quelle verfolgt wurde, ist der Streckenzug offen; die Lage des Endpunkts also ungewiss. Ergibt er sich nicht durch Kreuzpeilung oder als ***GPS***-Standort, setzt man die Messung fort bis zu einem auf der Karte dargestellten Festpunkt. Wenn Anfangs- und Endpunkt zusammenfallen (Rundweg, See, Waldstück, Lichtung) braucht man zwei gegenüberliegende Festpunkte, um den Maßstab zu bestimmen.

Den gezeichneten Weg geht man am besten sofort noch einmal ab und trägt **Einzelheiten** nach: Böschung, Bach neben dem Weg, Waldrand,

Hochsitz, Einzelbaum, Bank, Wegweiser, Hinweistafeln. Denn alle Unklarheiten, Lücken oder Fehler erfordern einen erneuten Gang ins Gelände.

Seitenwege (Nr. 6 und 9 in 8-05) werden erst aufgenommen, wenn die durchgehenden Wege in die Kartengrundlage eingetragen sind und ihrerseits als Endpunkte für einen geschlossenen Streckenzug dienen. Zum Schluss nimmt man Punkte innerhalb der durch Wege begrenzten Flächen auf.

Streckenzug aufnehmen und zeichnen

Auf dem Weg

- Den Kompass mit dem Kurspfeil in Wegrichtung halten, Dose nach der Magnetnadel ausrichten, dabei **Nordmarke zum Nordende der Nadel,**
- den Weg zügig abschreiten und Doppelschritte zählen.

Auf dem Blatt

- Die Gradzahl in Spalte R, die Schrittzahl in Spalte E eintragen,
- das Hinterende des Kompasses mit der **Nordmarke nach Kartennord** an den letzten Wegpunkt anlegen und eine Linie zum Vorderende ziehen,
- die der Schrittzahl entsprechende Länge abtragen.

8.1.2 Punkte neben der Strecke

Rechtwinklig zur Messstrecke. Bei Punkten unmittelbar neben dem Streckenzug genügt die Schrittzahl seit dem letzten Messpunkt und die Seite: ***10,5: li*** **T**. Auch einige Meter seitwärts lässt sich noch abschätzen, wann ein Punkt genau rechtwinklig zum Wegabschnitt liegt: ***20: re 6*** **T**.

Richtung und Entfernung. Bei abknickender oder gewundener Messstrecke oder bei größerem seitlichen Abstand ist die Angabe re/li nicht eindeutig. Dann messen wir von einem Wegpunkt aus Richtung und Schrittzahl. Ins Wegprotokoll (8.1.6) kommt z. B.: *112°/19* T.

Zwei Richtungen (= Kreuzpeilung, 4.3.1). Als Beispiel für den Eintrag ins Wegprotokoll dienen die Wegpunkte 7 und 8 in 8-05:

(Nr. 7) ***Hütte 044*** } ***113***
(Nr. 8) ***Hütte 002*** }

Die Klammer zeigt an, dass es sich um dieselbe Hütte handelt. Dahinter wird die Giebelrichtung vermerkt.

8.1.3 Umriss einer Fläche

Rand als Streckenzug. Bei unbegehbaren oder nicht überschaubaren Flächen ermittelt man den Umriss wie bei der Wegaufnahme. Wenn die Messung stimmt, fallen Anfangs- und Endpunkt auch in der Zeichnung zusammen. Kleine Fehler gleicht man am besten auf einer möglichst langen geraden Teilstrecke aus.

Abstände von der Längsachse (8-02a). Wir bestimmen die Richtung der Längsachse, schreiten sie ab und messen im rechten Winkel die seitlichen Abstände zu solchen Punkten am Flächenrand, die den Umriss bestimmen.

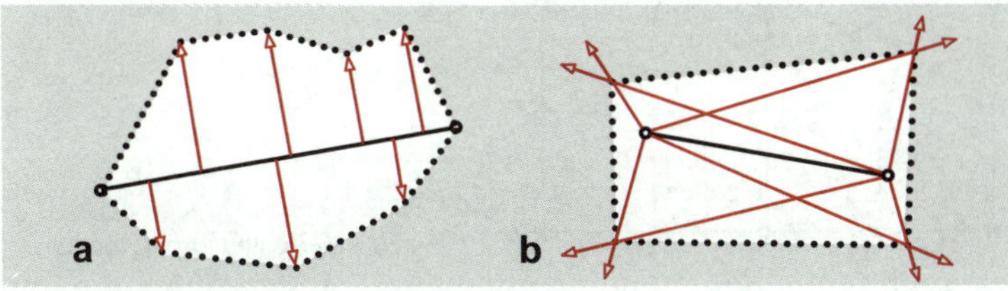

8-02 *Umriss einer Fläche*
a) Abstände von der Längsachse
b) Richtungswinkel von den Endpunkten einer Grundlinie

Grundlinie und Winkel (8-02b). Richtungswinkel sind verlässlicher als Schrittzahlen. Wenn die Fläche begehbar oder überschaubar ist, verspricht daher ein anderes Verfahren größere Genauigkeit und Zeitersparnis:

- Am Rand oder innerhalb der Fläche eine Messlinie festlegen und ihre Richtung ermitteln.
- Von ihren Endpunkten aus die Richtung zu denselben Punkten am Rand der Fläche messen, die ggf. durch aufgestellte Helfer oder Papier, Bänder, Stangen gekennzeichnet werden.

Bei allen geschlossenen Flächen muss der Anschluss an außerhalb liegende Festpunkte hergestellt werden, damit die genaue Lage und daraus der Maßstab bestimmt werden kann.

8.1.4 Punkte in einer Fläche

Liegen die Punkte über eine Fläche verteilt lösen wir diese Aufgabe je nach der Begeh- oder Überschaubarkeit des Geländes, der Zahl der Messpunkte und der Helfer besser auf andere Art:

Polar. Von einem Festpunkt aus erfassen wir jeden Punkt nach Richtung und Entfernung. Ein Entfernungsmesser (8.2.5) beschleunigt diese Arbeit.

Rechtwinklig von Messlinien aus (8-03). Bei größerer Punktdichte empfiehlt sich folgender Weg:

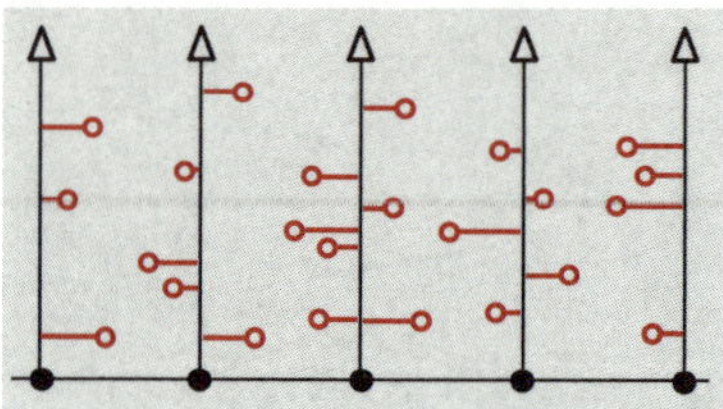

8-03 Punkte in einer Fläche: rechtwinklig von Messlinien aus

- Auf einer Grundlinie am Rand der Fläche 5-m-Abstände markieren.
- Bei jeder Markierung das Maßband rechtwinklig zur Grundlinie auslegen (Richtungswinkel der Grundlinie ± 90°).
- Vom Maßband aus rechtwinklig nach beiden Seiten mit Meterstock oder Messlatte messen.

Jeder eingemessene Punkt ist durch den Abstand von der Grundlinie und vom Maßband bestimmt und kann sofort in ein vorbereitetes Blatt Millimeterpapier eingezeichnet werden.

Mit einem Maßband von 50 m Länge und einem Helfer, der einem die Werte zuruft, misst man auf diese Weise einen kleinen Stadtpark in wenigen Stunden auf ± 20 cm genau, mit allen Bäumen, Sträuchern, Bänken, Laternen und Wegen – und erhält eine Übungskarte für Anfänger.

Quadratisches Gitter. Wenn das Gitter erhalten bleiben oder wiederherstellbar sein soll, wenn nicht feststeht, was man wo finden wird (Ausgrabung), oder wenn Häufigkeiten auszuzählen sind (Biotopkartierung), teilt man die Fläche in gleich große Messquadrate.

Pflöcke bezeichnen die Endpunkte der Gitterlinien, Schnüre oder Bänder bilden das Gitter.

In der Zeichnung lassen wir die Gitterlinien mit den Linien des Millimeterpapiers zusammenfallen und zeichnen nur den Nordpfeil ein. Beziffert werden die Gitterlinien wie im geodätischen Gitter (5.4), also von links nach rechts und von unten nach oben. Die Punkte innerhalb eines Gitterquadrats bestimmt man ggf. mit Meterstock oder Messlatte.

8.1.5 Indirekte Entfernungsmessung

Gegenrichtung 3.2.5

Eine Entfernung, die man nicht abschreiten kann, z. B. die Breite eines Flusses, ermittelt man als Seite im rechtwinkeligen Dreieck.

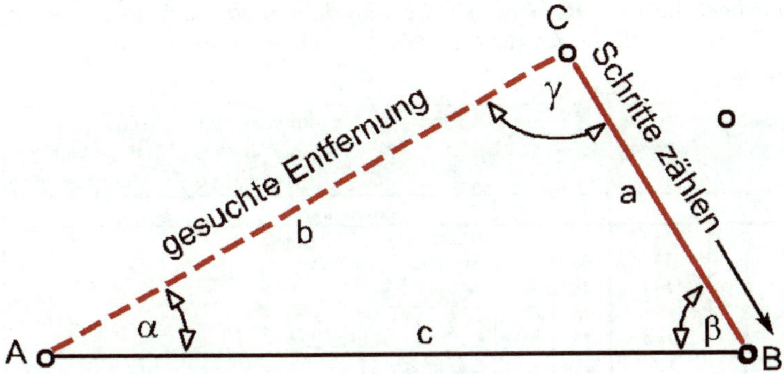

8-04 Indirekte Entfernungsmessung

1. Rechtwinklig zu AC Doppelschritte zählen, bis β genau 45° beträgt:

Schrittzahl AC = Schrittzahl BC

2. Rechtwinklig zu AC Doppelschritte zählen, bis man A peilen kann;

Schrittzahl AC = Schrittzahl BC x tan β

Winkel β messen und rechnen:

Beispiel: BC = 120 Doppelschritte; β = 58°
tan β = 1,6003
AC = 120 × 1,6003 = 192 Doppelschritte

8.1.6 Wegprotokoll

Für die nachträgliche Auswertung führt man ein Wegprotokoll (8-05):

- **Nr** Laufende Nummer jedes Messpunkts (Anfangspunkt = 0). In jede Zeile kommen die Werte vom **Weg zu** diesem Punkt. Bei einer Abzweigung bekommt die Punktnummer einen Kreis. Wenn man später die Abzweigung aufnimmt, ersetzt man im Wegprotokoll die auf den letzten Wegpunkt folgende Nummer durch die eingekreiste Zahl. So bekommt kein Messpunkt zwei Nummern.
- **R** Richtungswinkel, dreistellig: 004°, 087°, 325°.
- **E** Entfernung vom letzten Messpunkt (Doppelschritte oder Meter).
- **mm** Entfernung im Zeichenmaßstab (wird nachträglich errechnet).

Man spart Platz und schließt Verwechslungen aus durch *Kartenzeichen, Farben*, die feste Reihenfolge *Richtung/Entfernung* und *Abkürzungen*, z. B. *re, li, A, E, Li, Ka* für rechts, links, Anfang, Ende, Lichtung, Kahlschlag.

Gebiet			Anfang *(Koordinaten)*	Tag
Art	*Fahrweg*		Ende *(Koordinaten)*	Längenmaß *(Schritte/Meter)*
Nr.	R	E	mm	Bemerkungen
0				*Brücke*
1	*087*	*68*		*Bach von li; re Tobelanfang*
2	*154*	*35*		*17 li V 220/25*
3	*178*	*46*		*32 li TTTTTT*
4	*144*	*16*		*E TTTTT; A Li re 227*
5	*134*	*32,5*		*E Li re 237*
(6)	*145*	*24*		*Pfad 270; Schneise 042*
7	*087*	*48,5*		*A Li li 010; Hütte 044*
8	*075*	*51*		*E Li li 025; Hütte 002*
~~*9*~~ 6				
10	*116*	*38*		*[Anfang Pfad Nr. 6]*

8-05 *Wegprotokoll. Die Millimeter werden erst nachträglich berechnet.*

Bei längeren geraden Strecken muss man auch zwischendurch Einzelheiten festhalten. Dann vermerkt man entweder die Schrittzahl bis dorthin (Spalte »Bemerkungen« 14: *Bach aus 085° nach 254°*, ggf. mit Abkürzung oder Kartenzeichen), oder man zählt diesen Punkt als eigenen Messpunkt und setzt mit gleicher Gradzahl, aber neuer Zählung fort.

Wege, Bewuchs und Bestandsgrenzen stuft man nach den »Darstellungs-Vorschriften für internationale OL-Karten« (= IOF-Norm, 8-06) ein; sie bietet auch sonst nützliche Hinweise.

Fehler fallen sofort auf, wenn man im Gelände auf Millimeterpapier mitzeichnet. Dabei merkt man auch gleich, worauf man besser verzichtet, um die Karte nicht zu überladen (= Erfassungs-Generalisierung).

Wege

1. Straße, breiter als 5 m
2. 3-5 m breit, jederzeit mit leichten Motorfahrzeugen befahrbar
3. bis 3 m, schlecht erhalten, Traktorweg
4. Fuß- oder Karrweg (wird beim Überqueren bemerkt)
5. Pfad, alter Karrweg, schlecht sichtbare Schneise (kann unbemerkt überquert werden)
6. deutlich erkennbare Schneise

Bewuchs

Aufnahme: Strichrichtung
Reinzeichnung/Druck:
1 Schrägstriche, 2 und 3 Flächenfarben, die Flächen mit dem für die Gegend normalen Wald bleiben weiß

1 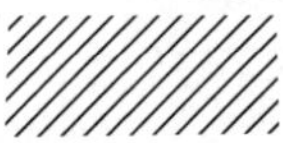

gelb Kahllschlag
grün Neupflanzung

2 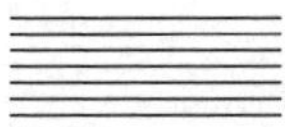

gelb halb offen
grün dichter Wald

3 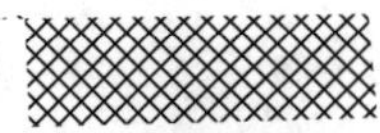

gelb offen
grün Dickicht

Bestandsgrenzen

durchgezogene Linie: deutliche Grenze
punktierte Linie: erkennbarer Rand
nur Flächensignatur: unscharfer Übergang

8-06 *Abstufungen nach der IOF-Norm*

Wenn man die Koordinaten jedes Wegpunkts speichert, beschränkt sich das Wegprotokoll vor allem auf die Punktnummern und ihre Benennung oder Beschreibung. Beim Übertragen auf die Kartengrundlage verfährt man nach 8.1.7 oder nutzt die Möglichkeiten von OCAD (174).

8.1.7 Zeichnung auf das Sollmaß verkleinern

Mit dem Kopierer. Für das **Verkleinerungsverhältnis** rechnet man

Verkleinerung [%] = Sollwert : Istwert x 100

Beispiel Sollmaß (= Länge auf der Karte) = 8,5 cm
Istmaß (= Länge in der Zeichnung) = 22,3 cm
Verkleinerung auf (8,5 : 22,3) x 100 = **38 %**

Die Linien der Zeichnung sind ggf. so zu verstärken, dass sie verkleinert noch erkennbar bleiben. Das Verkleinerungsverhältnis stellt man als Prozentzahl ein. Verkleinerungen um mehr als 50 % erfordern bei vielen Kopierern zwei Schritte. Dann wählt man für die erste Kopie 50 %, für die folgende das Doppelte der errechneten Prozentzahl.

Zeichnerisch. Für die Verkleinerung ohne Kopierer braucht man ein ***Strahlenbüschel*** (8-07). Dazu schlägt man um die Endpunkte A und B des gezeichneten Streckenzugs gleich große Kreise und erhält Z im Schnittpunkt. Alle Knickpunkte des Streckenzuges werden mit Z verbunden.
Beispiel Sollmaß : Istmaß = 0,38, also 38 %
Für die erste Kopie 50 % einstellen, für die zweite (2 · 38) % = 76 %.

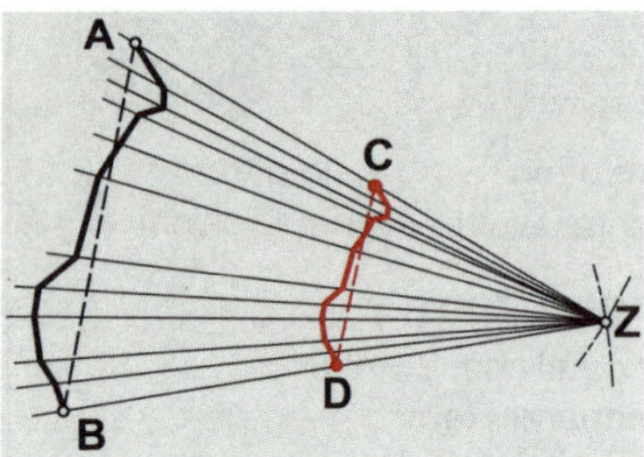

8-07 *Strahlenbüschel*
AB = Streckenzug im Schrittmaß
CD = auf das Sollmaß verkleinert

- Mit durchsichtigem Millimeterpapier (8-08a) oder mit Zeichendreieck und Lineal (8-08b) wird dann die Strecke AB parallel so weit auf Z zu verschoben, dass ihre Länge zwischen den äußeren Strahlen dem Sollmaß entspricht. Die neuen Endpunkte werden markiert.
- Von den Endpunkten der Sollstrecke aus, also von außen nach innen, verschiebt man auch die Teilstrecken parallel und setzt sie an den vorhergehenden Punkt an. Die beiden Hälften der verschobenen Strecke müssen sich in der Mitte treffen.

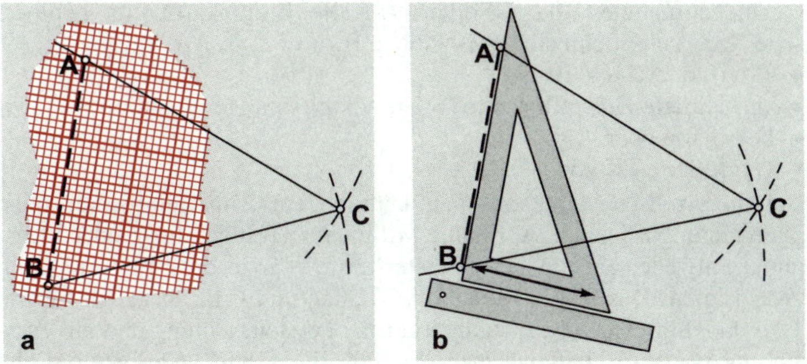

8-08 *Parallelverschiebung*
a) Millimeterpapier unter durchsichtiges Zeichenblatt legen – oder
b) Zeichendreieck längs des Lineals verschieben

Rechnerisch. Jeder Strahl wird gemessen und mit dem Verhältnis (Sollmaß : Istmaß) malgenommen. Die errechnete Länge trägt man auf jedem Strahl von Z aus ab. Die Neupunkte (= CD in 8-07) entsprechen dem Kartenmaßstab.

8.1.8 Zeichnung in die Karte übertragen

Bei *durchsichtiger* Kartengrundlage wird die (verkleinerte) Zeichnung *darunter* so ausgerichtet, dass die Endpunkte der Messstrecke unter den entsprechenden Punkten der Karte liegen. Mit wasserfestem Stift zeichnet man den Weg hoch und trägt alle Punkte neben dem Streckenzug mit ihren Kartenzeichen ein, die Zeichen für z. B. Gebäude, Quelle, Höhle nach ihrer Lage im Gelände ausgerichtet.

Bei *undurchsichtiger* Kartengrundlage muss man den verkleinerten Weg auf Transparentpapier übertragen (oder gleich auf Transparentpapier kopieren), *auf* der Karte ausrichten und die Messpunkte mit einer feinen Nadel durchstechen (Nadelkopie).

8.2 Weitere Hilfsmittel und Verfahren

8.2.1 Kartengrundlage

Als Kartengrundlage und als Zeichenmaßstab für eine flächenhafte Geländeaufnahme (Übungs- oder OL-Karte, Biotopkartierung, geologische Karte) empfiehlt sich **1:10 000**, z. B.

- TK 10 oder TKV 10
- verkleinerte Höhenflurkarte (= Grundkarte mit Höhenlinien)
- Forstkarte oder
- vergrößerte TK 25.

Bei diesem Maßstab kann man nämlich auf Millimeterpapier ohne Umrechnung zeichnen. Auf halbe Millimeter gerundet, liegt jeder Messpunkt entweder auf einer Millimeter-Linie oder in der Mitte zwischen zwei Linien. Das sind 5 Meter im Gelände und 0,1 mm auf der Karte 1:50 000, hinreichend genau auch für die Forsteinrichtung und die Trassierung von Wirtschaftswegen sowie für OL-, Revier- oder geologische Karten.

Das Generalisieren (19) beginnt auf diese Weise gleich im Gelände, denn man merkt schon beim Aufnehmen, dass man sich beschränken, also auswählen muss. Gitter-Koordinaten müssen nicht umgerechnet werden. Als Planzeiger dient ein 10-cm-Quadrat aus transparentem Millimeterpapier.

Beispiel Zeichenmaßstab 1:10 000
GPS Koordinaten E 0399287 N 5052312 (Meter)
von der senkrechten Gitterlinie 99 aus **28,5 mm nach rechts**,
von der waagrechten Gitterlinie 52 aus **31,0 mm nach oben**

Eine gute Ergänzung sind **Luftbildkarte/Orthofoto** im Zeichenmaßstab. **Höhenflurkarten** liefert das zuständige Vermessungsamt, Orthofotos oder Luftbildkarten und Höhenlinien das Landesvermessungsamt.

Wenn man die Kartengrundlage auf Transparentfolie kopiert oder gleich so bestellt, kann man die Änderungen hochzeichnen. So bewahrt man Feinheiten besser als mit einer Nadelkopie, und die Karte bleibt unversehrt.

Ohne Kartengrundlage schafft man sich zuerst ein Netz von Festpunkten, indem man die *GPS*-Koordinaten für Eckpunkte und wichtigen Stellen innerhalb der Fläche in ein 10-cm-Gitter auf transparentem Millimeterpapier einzeichnet.

8.2.2 Rechtwinklig-ebene Koordinaten

Mit dem **Taschenrechner** lassen sich die Polarkoordinaten Richtung und Entfernung in rechtwinklige Koordinaten umrechnen. Die Vorteile sind:

- Die Geländeneigung kann berücksichtigt werden.
- Ein falsch oder ungenau eingezeichneter Punkt wirkt sich nicht auf alle folgenden Punkte aus.
- Die gemessenen Winkel brauchen für die Reinzeichnung nicht erneut am Kompass eingestellt zu werden.
- Man erhält überall eindeutige Schnittpunkte.
- Die Entfernung zwischen Anfangs- und Endpunkt kann (für die Verkleinerung) berechnet werden, ebenso übrigens die Richtung.

Ein **programmierbarer Rechner** beschleunigt die Aufnahme und die Auswertung. Wenn Zeichenmaßstab, Schrittmaß und Augenhöhe wählbar eingerichtet sind, muss man im Gelände nur noch Richtungswinkel, Schrittzahl und ggf. Neigungswinkel eingeben. Damit fallen Fehlerquellen weg, und man erhält das Ergebnis in rechtwinkligen Koordinaten so schnell und mühelos, dass man einen Streckenzug gleich im Gelände zeichnen und schon auf dem Rückweg überprüfen und ergänzen kann.

Achsenkreuz. Bei der Umwandlung erhält man – ähnlich wie im Gradnetz, aber anders als im geodätischen Gitter – auch negative Werte, also Werte mit Minus-Vorzeichen, und zwar immer dann, wenn ein Punkt

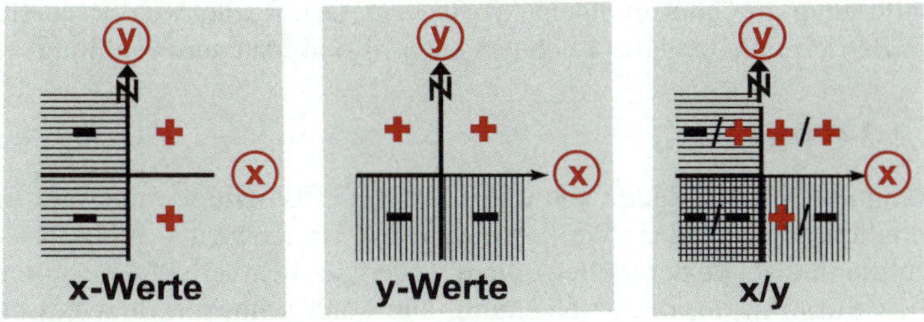

8-09 *Achsenkreuz: Bedeutung der Vorzeichen*
a) x-Werte, b) y-Werte, c) x/y

westlich oder südlich vom Anfangspunkt (= Nullpunkt) liegt. Darum verwenden wir hier ein Achsenkreuz. Die Vorzeichen für den x-Wert (= Rechtswert) und den y-Wert (= Hochwert) geben an, in welchem Viertelkreis ein Punkt liegt (8-09).

Umrechnung. Für den ersten Wegpunkt rechnet man:

Rechtswert 1 = sin (Richtungswinkel) x Entfernung
Hochwert 1 = cos (Richtungswinkel) x Entfernung

Für jeden folgenden Wegpunkt ist der Wert des vorangehenden Punktes mitzuzählen:

Rechtswert 2 = Rechtswert **1 + sin** (Richtungswinkel 2) x Entfernung
Hochwert 2 = Hochwert **1 + cos** (Richtungswinkel 2) x Entfernung

Wenn man für einen Streckenzug erst alle x-Werte und dann alle y-Werte berechnet, geht der Wert des vorangehenden Punktes mit der vollen Stellenzahl in die nächste Rechnung ein und braucht nicht neu eingegeben zu werden. In die Liste schreibt man ihn nur gerundet.

Ein Fehler wirkt sich hierbei jedoch auf alle folgenden Messpunkte aus. Wenn also der Vergleich mit der Feldskizze zeigt, dass ein Wert oder ein Vorzeichen nicht stimmen kann, sind auch alle auf den Fehler folgenden Messpunkte neu zu berechnen.

Beispiel Richtung/Entfernung für Punkt 1 = 085°/25, für Punkt 2 = 090°/15
Rechtswert/Hochwert (gerundet):
x 1 = sin 85 x 25 = **24,9**, y 1 = cos 85 x 25 = **2,2**
x 2 = 24,9 + sin 90 x 15 = **39,9**, **y 2** = 2,2 + cos 90 x 15 = **2,2**

Ein Taschenrechner mit [P ➔ R] und [x ➔ y] berechnet Richtung und Entfernung im Gitter in einem Arbeitsgang. Den Rechenweg beschreibt die Betriebsanleitung des Rechners unter »Koordinatenumwandlung«.

8.2.3 GPS

Wenn im GPS-Handgerät als Anzeigeart das UTM-Gitter eingestellt ist, entfallen Schrittzählen, Winkelmessen und Umrechnen – als Arbeitsschritte und als Fehlerquellen –, und weder die Sichtverhältnisse stören, noch Missweisung oder Ablenkung. Das kann schnellere und bessere Ergebnisse bringen als die polare Aufnahme, besonders in unwegsamem Gelände und auf Steilstrecken.

Es ist jedoch sinnvoll, GPS und polare Aufnahme zu verbinden:

Anfangs- und Endpunkt eines Streckenzugs, Knickpunkte und andere Schlüsselstellen werden dann mit GPS aufgenommen. Auch für lange, wenig gewundene Strecken und für Einzelpunkte genügt GPS allein. Doch kurze Entfernungen, stark gewundene Wege sowie das Lageverhältnis eng benachbarter Punkte nimmt man besser mit Richtungswinkel und Schrittzahl auf. Dabei ist zu beachten: **Wenn man mit GPS im Gitter arbeitet, ist für die Kompasswinkel die Nadelabweichung zu berücksichtigen**.

8.2.4 Richtung

Ein **Peilkompass** wird nicht eingestellt, sondern nur abgelesen, mit Ableselupe und einer feiner unterteilten Gradskala auf 1/3 Grad genau. Mit Beleuchtung gestattet er das Messen auch im dichten Wald, in der Dämmerung und sogar bei Nacht (Leuchtfeuer peilen oder MaN nach dem Polarstern bestimmen). Für die Geländeaufnahme hilfreich ist die Geräte-Kombination Peilkompass + Neigungsmesser (8-10).

Bei der Geländeaufnahme ergänzen sich Peilkompass und Spiegelkompass: Streckenzüge nimmt man schneller mit dem Peilkompass auf, Punkte neben der Strecke, die man sofort einzeichnen will, mit dem Spiegelkompass. Zum Gehen nach einer Wegtabelle, z. B. bei Rettungseinsätzen der Bergwacht, ist der Peilkompass eindeutig überlegen, besonders wenn man Handschuhe trägt. Im Boot, wo man oft nur eine Hand freimachen kann, ist er eine willkommene Ergänzung und ersetzt bei gelegentlicher Landsicht einen viel teureren Bootskompass.

8.2.5 Entfernung

Das **Schrittmaß** ergibt sich aus der Zahl der Doppelschritte auf einer Strecke von bekannter Länge, z. B.

Schrittmaß = 100 : Doppelschritte auf 100 m

mm in der Zeichnung = Doppelschritte x Schrittmaß x 1000 : Maßstabszahl

Aber das Zählen beansprucht Aufmerksamkeit, die besser dem Gelände gilt. Für lange Strecken und größere Aufgaben gibt es bessere Lösungen:

Beim **Handzählgerät** drückt man bei jedem Doppelschritt eine Taste. Beim **Schrittzähler** (2.6, mechanisch oder elektronisch) bleiben die Hände frei, denn er wird in den Gürtel eingehängt. Wichtig ist, dass sich die Schrittlänge zentimetergenau einstellen und die Anzeige leicht auf Null zurückstellen lässt. Das **Messrad** (Streckenmessgerät, Rolltacho) eignet sich für glatte Wege. Man kann es vielleicht bei einer Straßenbaufirma, bei der Post oder beim Bauamt, die es selbst nur selten brauchen, tage- oder stundenweise ausleihen. Umfangreiche Aufgaben erleichtert und beschleunigt ein **Laser-Entfernungsmesser** mit entsprechendem Messbereich. Mit einem **Maßband** kann man eine Grundlinie genau bestimmen und Schrittmaß oder Messrad kalibrieren.

8.2.6 Höhe und Neigung

Den Neigungswinkel misst man mit dem **Neigungsmesser** (Gefällmesser), mit dem man im Forstwesen die Baumhöhen bestimmt; am praktischsten sind solche, die mit einem Peilkompass zu einem Gerät vereinigt sind (8-10).

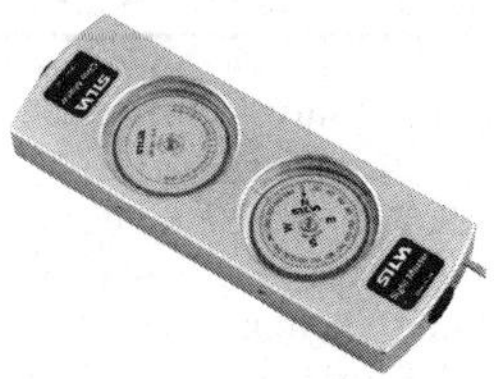

SILVA Survey Master

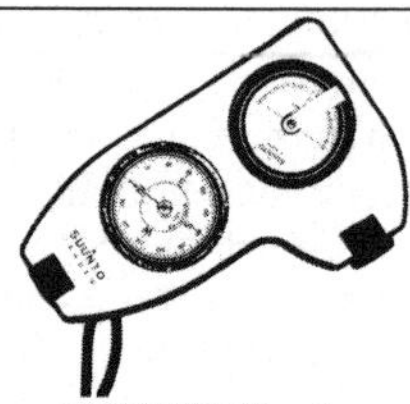

SUUNTO Tandem

8-10 *Neigungsmesser (hier kombiniert mit Peilkompass)*

Um die Verkürzung einer geneigten Strecke zu berechnen, genügt die Gradzahl des Neigungswinkels. Will man auch die Höhe für jeden Messpunkt ermitteln, z. B. um das Höhenlinienbild zu ergänzen oder zu berichtigen, muss man zusätzlich das Steigen (+) und Fallen (–) festhalten. Dazu bekommt das Wegprotokoll (8-05) hinter R und E noch die Spalte **N** (für »Neigung«) und – für die Umrechnung in rechtwinklige Koordinaten – hinter x und y noch die Spalte *z*.

Bei der Arbeit mit einem Helfer misst man an seinem Körper die Höhe, die der eigenen Augenhöhe entspricht. *Ohne Helfer* misst man vom Auge zum Boden und muss dann noch nach 9.2.2 – am besten mit einem programmierbaren Rechner – den wahren Neigungswinkel ermitteln.

Die waagerechte Strecke (= Kartenentfernung) ist kürzer als die gemessene Schrägentfernung. Die **Verkürzung** ist für Steigung und Gefälle gleich groß; für geringe Neigungen liegt sie unter der Zeichengenauigkeit. Man erhält sie mit der Rechnung

waagerechte Entfernung = Schrägentf. x cos (Neigungswinkel)

Beispiel Schrägentfernung = 100 m
Neigungswinkel = 10°
cos 10° = 0,9848
waagerechte Entfernung = 100 x 0,9848 = **98,48 m**

Soll die Verkürzung gleichzeitig mit den rechtwinkligen Koordinaten bestimmt werden, lautet die Rechnung

x = sin R · E x cos (Neigung)
y = cos R · E x cos (Neigung)

Den **Höhenunterschied** zwischen zwei Messpunkten erhält man mit einer der Rechnungen

Höhenunterschied = Schrägentfernung x sin (Neigung)
= waagerechte Entfernung x tan (Neigung)

Höhenlinien. Aus den z-Werten für einen Streckenzug ergibt sich, an welchen Stellen eine Höhenlinie den Streckenzug schneidet. So kann man

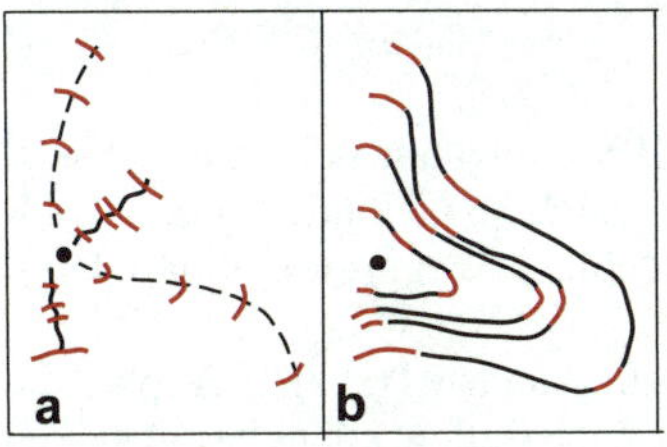

8-11 Höhenlinien bestimmen
a) Vom höchsten Punkt ausgehend, für die Rücken- und Muldenlinien die Höhe von Messpunkten berechnen,
b) die Schnittpunkte gleicher Höhe verbinden

das Höhenlinienbild verbessern. Es wird nämlich für top. Karten aus Luftbildern erschlossen und ist darum für Kleinformen im Wald weniger genau.

Es erleichtert die spätere Auswertung, wenn man beim Aufnehmen waagerechte »Formlinien« mitzeichnet, die – ohne strenge Bindung an die Äquidistanz – den optischen Eindruck wiedergeben. Dazu stellt man sich das Gelände bis zur Höhe des eigenen Standorts überschwemmt vor. Die Formlinie entspricht dann der gedachten Uferlinie.

Hat die Kartengrundlage keine Höhenlinien, misst man, beginnend am höchsten Punkt, wie bei der Wegaufnahme *Richtung, Entfernung* und *Nei-*

gungswinkel der »Gerippelinien«, also der Rücken und Mulden. Die Ergebnisse kommen in eine Lageskizze (8-11a). Die Verbindung der gleich hohen Kurven ergibt dann die Höhenlinien (8-11b).

8.2.7 Zeichnen mit dem PC

Das Karten-Zeichenprogramm **OCAD** erleichtert und beschleunigt die Reinzeichnung, Maßstabänderung und ggf. Druckvorbereitung. Geschaffen wurde es für OL-Karten, bietet aber auch Symbolsätze für top. Karten, Stadtpläne, Tourismus, Geologie, Wetter, Luftfahrt und Archäologie. Gescannte Vorlagen lassen sich nach Maßstab und Ausrichtung abstimmen, Karten aus dem Internet übernehmen. Ausdrucke sind in beliebigem Ausschnitt und Maßstab möglich.

Der Gewinn liegt außer in den vielfältigen technischen Möglichkeiten auch in der größeren Genauigkeit, in der Zeitersparnis beim Zeichnen und Korrigieren, in der freien Wahl des Zeichen- und Druckmaßstabs und im professionellen Aussehen der fertigen Karte.

Fast alle Zeichnungen in diesem Buch sind mit OCAD hergestellt.

8.2.8 Digitales Kartieren

Mit OCAD und einem **Tablet-PC** – GPS eingebaut oder durch Kabel oder kabellos verbunden – zeichnet man gleich im Gelände auf dem Bildschirm. So entfallen Zählen, Messen, Rechnen, Wegprotokoll und damit auch viele Fehlerquellen.

Viele Tablets, Smartphones u. Ä. bieten auch »Tracking-Apps«, die einen zurückgelegten Weg speichern und darstellen können. Oft lassen sich die Daten auch auf anderen Geräten weiter auswerten. Reine Fitness-Anwendungen eignen sich – nach dem gegenwärtigen Stand – kaum für ernsthaftes Kartieren.

8.3 Übungen

8.3.1 *(8-04)* Wie lang ist im rechtwinkligen Dreieck die Strecke AC bei AB = 35 Doppelschritte und $\beta = 41°$?

8.3.2 *(8-05)* Zeichnen Sie den Weg in beliebigem Maßstab.

8.3.3 *(8-05)* Berechnen Sie die x-Werte und die y-Werte für den Weg 8-05 im Maßstab 1:5000 für das Schrittmaß 54 Doppelschritte auf 100 m.

8.3.4 *(8.1.7)* Welche Prozentzahl stellen Sie am Kopiergerät ein für
a) Istmaß = 17,7 cm, Sollmaß = 9,4 cm, b) Istmaß = 24,4 cm, Sollmaß = 7,8 cm?

8.3.5 Bringen Sie zeichnerisch, rechnerisch und auf dem Kopierer den Weg aus Aufgabe 8.3.2 auf das Sollmaß von 8,3 cm zwischen Anfangs- und Endpunkt.

9. Anhang

9.1 Lösungen der Übungsaufgaben

1.7.1 a) 1400 m b) 420 m c) 5600 d) 700 m
1.7.2 a) 1350 m b) 1200 m c) 3800 m
1.7.3 a) rund 1:90 Mill. b) rund 1:25 Mill.
1.7.6 1) 740 m, 2) 910 m, 3) 780 m, 4) 840 m, 5) 700 m
2.9.1 a) 279° b) 6°45' c) 84°43' d) 284° e) 234,3°
2.9.2 a 40,5' b) 21,5' c) 36' d) 27,4' e) 18,5'
2.9.3 a) 3609^{-} b) 19^{-} c) 1136^{-} d) 7,5
2.9.4 b - c - d - a (NO - SW - W - NW)
2.9.5 a) 07:00 b) 16:00 c) 18:00 d) 01:00
3.4.1 a) 148° b) 230° c) 358° d) 68° e) 235° f) 254°
3.4.3 a) 33,3 %, b) 16,7 %, c) 7,2 %, d) 54 %
3.4.4 a) 4 mm b) 3,33 mm
3.4.5 a) 266°, 36° b) 4454^{-}, 1429^{-} c) (schwed.) 3060^{-}, 3313^{-} d) 180^{v}; 5630^{v}
4.8.1 a) 5 b) 9 c) 17
4.8.2 a) 15, b) 3
4.8.3 a) 75° b) 80° c) 87°
5.6.2 a) 221494 b) 288470 c) 256556 d) 233512
5.6.3 a) N 47°35,3' E 006°20,6' b) N 47°33,0' E 006°24,0'
c) N 47°24,8' E 006°32,3 d) N 47°32,4' E 006°22,5'
5.6.4 a) 9 b) 13 c) 7 d) 4
5.6.5 a) $^{6}55{,}0$ $^{53}92{,}6$ b) $^{3}52{,}8$ $^{52}49{,}1$ c) $^{05}03{,}3$ $^{54}22{,}6$
5.6.6 a) 550926 b) 528491 c) 013226
5.6.7 a) Dänemark b) Australien c) Kanada d) Norwegen
5.6.8 a) 32, 9°E, 6°/12° b) 19, 69°W, 66°/72° c) 27, 21°W, 18°/24°
d) 32, 9°E, 6°/12°, e) 12, 111°W, 108°/114°
5.6.9 *(9-17)* SE; Entfernung = 7,16 km; Richtung = 330°/150° = 160°
5.6.10 a) 20 mm, b) 40 mm, c) 50 mm, d) 66,7 mm
5.6.11 a) 3,7 × 1,39 b) 7,4 × 5,5
6.5.1 a) 167° b) 45° c) –8°
6.5.2 (360 – 93)° = 267°
6.5.3 a) + 8° b) – 14° c) +12° d) +15°
6.5.4 a) 57 mm nach rechts b) 28 mm nach links
7.6.1 a) 48 min, b) 16 min, c) 34 min
7.6.2 102°
7.6.5 a) 60° b) 68° c) 30° d) 40°
8.3.1 30,4 Doppelschritte

8.3.3 **1.** 25,0/1,5 **2.** 31,0/-10,5 **3.** 31,5/-27,5 **4.** 35/-32,5 **5.** 43,5/-40,5 **6.** 48,5/-47,5 **7.** 66,5/-47,0 **8.** 85,0/-42,0 **9.** 97,5/-48,0
alle Werte auf ½ mm gerundet

8.3.4 a) 53 b) 32; in zwei Schritten: 1) 50 %, 2) 64 %.

9.2 Rechenhilfen

9.2.1 MASSSTAB, ENTFERNUNG

Maßstab 12
Schrittmaß 54, 67, 171
Entfernung im Gelände 12, 13
im Gradnetz 107
im Gitter 115
auf der Seekarte (Mercator-Karte) 107
auf dem Globus 107
Kimmentfernung 96
indirekte Entfernungsmessung 163

9.2.2 HÖHE, STEIGUNG, LUFTDRUCK

Abstand der Höhenlinien 70
Augeshöhe 96
Gleichmäßiger Anstieg 69

Steigung

Prozent = Höhenunterschied [m] : Entfernung [m] x 100 = quidistanz x Höhenlinien x 100 000 : Entfernung [m]: Maßstabszahl
Grad = $\tan^{-1}$ (Höhenunterschied [m] : Entfernung [m])

Prozent in Grad, Grad in Prozent

Prozent = tan (Grad) x 100 **Grad** = $\tan^{-1}$ (Prozent) : 100)

Gehzeit aus Entfernung und Höhenunterschied

Gehzeit [min] für die **Entfernung** = Kartenentfernung [m] : 67
Gehzeit [min] für den **Höhenunterschied** = Höhenunterschied [m] : 5
Den kleineren Zeitwert halbieren und zum größeren hinzuzählen.

Luftdruck

Normaldruck der Luft [hPa] (Taste e^x für Lösung a, Taste x^y für b)
(a) = 1013,25 x $e^{-(\text{Höhe ü. NN [m] : 8005})}$
(b) = 1013,25 x (1 – 0,0065 x Höhe über NN [m] : 288, 15)^{5,255}
Umgebungsdruck [hPa] **auf NN umrechnen**
(a) = Umgebungsdruck x (1 –0,0065 x Höhe über NN [m] : 288,15)$^{-5,255}$

9.2.3 MISSWEISUNG

Deklination, Nadelabweichung, Meridiankonvergenz 123
Missweisung bestimmen 6.3
ausgleichen 139
einzeichnen 140, 6-14, 6-15

9.2.4 ZEIT, SONNE

Alle Zeitangaben sind von der Uhrzeit in die Wahre Ortszeit umzurechnen, Rechenergebnissse in WOZ sind in die Uhrzeit zu verwandeln. *Vorzeichen beachten!*

B = geografische Breite (+ = nördlich, – = südlich)
D = Deklination der Sonne
H = Sonnenhöhe (+ = über, – = unter dem Horizont)
HZ = Sonnenhöhe zur Ortszeit Z
L = geografische Länge (+ = östlich, – = westlich)
ΔL = Orts- – Zeitmeridian
RA = Aufgangsrichtung der Sonne
RU = Untergangsrichtung der Sonne
RZ = Sonnenrichtung zur gewählten Zeit
S = Stundenwinkel (– = vormittags, + = nachmittags)
WOZ = Wahre Ortszeit
Z = Ortszeit als Dezimalbruch, z. B. 14.750 für 14:45 Uhr
ZA = Sonnenaufgang (WOZ)
ZH = Ortszeit Z bei Sonnenhöhe H
ZU = Sonnenuntergang (WOZ)
zgl = Zeitgleichung (107, 9-05)

Stundenwinkel

Gezählt von Mittag nach Osten und Westen:

Stundenwinkel S = WOZ x 15 **– 180°**

	Januar		Februar		März		April		Mai		Juni	
	D (Grad)	zgl (min)	D (Grad)	zgl (min)	D (Grad)	zgl (min)	D (Grad)	zgl (min)	D (Grad)	zgl (min)	D (Grad)	zgl (min)
1	-23,07	-3,5	-17,12	-13,6	-7,52	-12,4	4,61	-4,0	15,12	2,9	22,08	2,2
2	-22,98	-3,9	-16,83	-13,7	-7,14	-12,2	4,99	-3,7	15,43	3,0	22,21	2,1
3	-22,83	-4,4	-16,54	-13,8	-6,76	-12,0	5,37	-3,3	15,72	3,1	22,33	1,9
4	-22,73	-4,9	-16,25	-13,9	-6,37	-11,8	5,76	-3,0	16,01	3,2	22,45	1,7
5	-22,62	-5,3	-15,95	-14,0	-5,99	-11,5	6,14	-2,7	16,30	3,3	22,56	1,6
6	-22,50	-5,8	-15,64	-14,1	-5,60	-11,3	6,51	-2,4	16,58	3,4	22,67	1,4
7	-22,38	-6,2	-15,33	-14,1	-5,21	-11,1	6,89	-2,2	16,86	3,5	22,77	1,2
8	-22,25	-6,6	-15,02	-14,2	-4,82	-10,8	7,26	-1,9	17,13	3,5	22,86	1,0
9	-22,11	-7,0	-14,70	-14,2	-4,43	-10,6	7,64	-1,6	17,40	3,6	22,94	0,8
10	-21,97	-7,5	-14,37	-14,2	-4,04	-10,3	8,01	-1,3	17,66	3,6	23,02	0,6
11	-21,73	-7,9	-14,05	-14,3	-3,65	-10,1	8,38	-1,1	17,92	3,7	23,09	0,4
12	-21,57	-8,2	-13,72	-14,3	-3,26	-9,8	8,74	-0,8	18,18	3,7	23,16	0,2
13	-21,49	-8,6	-13,38	-14,2	-2,86	-9,5	9,11	-0,5	18,42	3,7	23,22	0,0
14	-21,32	-9,0	-13,04	-14,2	-2,47	-9,2	9,47	-0,3	18,66	3,7	23,27	-0,2
15	-21,14	-9,4	-12,70	-14,2	-2,07	-9,0	9,82	-0,1	18,91	3,7	23,32	-0,4
16	-20,95	-9,7	-12,36	-14,1	-1,68	-8,7	10,18	0,2	19,14	3,7	23,35	-0,6
17	-20,76	-10,0	-12,01	-14,1	-1,28	-8,4	10,54	0,4	19,36	3,6	23,38	-0,8
18	-20,55	-10,4	-11,66	-14,0	-0,89	-8,1	10,89	0,6	19,59	3,6	23,41	-1,0
19	-20,35	-10,7	-11,31	-13,9	-0,49	-7,8	11,23	0,9	19,80	3,6	23,43	-1,3
20	-20,14	-11,0	-10,95	-13,8	-0,10	-7,5	11,57	1,1	20,01	3,5	23,43	-1,5
21	-19,92	-11,3	-10,59	-13,7	0,30	-7,2	11,91	1,3	20,22	3,5	23,43	-1,7
22	-19,69	-11,5	-10,22	-13,6	0,69	-6,9	12,25	1,5	20,41	3,4	23,43	-1,9
23	-19,46	-11,8	-9,86	-13,4	1,09	-6,6	12,58	1,7	20,61	3,3	23,42	-2,1
24	-19,22	-12,1	-9,49	-13,3	1,48	-6,3	12,92	1,9	20,80	3,2	23,41	-2,4
25	-18,98	-12,3	-9,12	-13,1	1,88	-6,0	13,24	2,0	20,98	3,1	23,38	-2,6
26	-18,73	-12,5	-8,75	-13,0	2,27	-5,7	13,57	2,2	21,15	3,0	23,35	-2,8
27	-18,48	-12,7	-8,37	-12,8	2,66	-5,4	13,88	2,4	21,32	2,9	23,31	-3,0
28	-18,22	-12,9	-8,00	-12,6	3,05	-5,1	14,20	2,5	21,49	2,8	23,27	-3,2
29	-17,95	-13,1			3,44	-4,8	14,52	2,7	21,64	2,7	23,22	-3,4
30	-17,68	-13,3			3,83	-4,5	14,82	2,8	21,79	2,5	23,16	-3,6
31	-17,40	-13,4			4,22	-4,2			21,94	2,4		

***9-01a** Deklination der Sonne und Zeitgleichung, Januar bis Juni*

Uhrzeit und Ortszeit *(Vorzeichen beachten!)*

ΔL [°] = Orts- – Zeitmeridian,

WOZ = Uhrzeit + (4 ΔL + zgl [min])

Uhrzeit = WOZ – (4 ΔL + zgl [min])

Mittagssonne = Uhrzeit 12:00 + (4 ΔL + zgl [min])

Ungefähre Sonnenrichtung

Ortszeit Z als Dezimalbruch, z. B. 14,750 für 14:45 Uhr.

Ungefähre Sonnenrichtung = Z x 15 [°]

	Juli		August		Septemb.		Oktober		November		Dezember	
	D (Grad)	zgl (min)	D (Grad)	zgl (min)	D (Grad)	zgl (min)	D (Grad)	zgl (min)	D (Grad)	zgl (min)	D (Grad)	zgl (min)
1	23,09	-3,8	17,98	-6,3	8,22	0,0	-3,20	10,3	-14,48	16,4	-21,83	11,0
2	23,02	-4,0	17,72	-6,2	7,86	0,3	-3,49	10,6	-14,80	16,4	-21,98	10,6
3	22,95	-4,2	17,46	-6,2	7,49	0,6	-3,90	10,9	-15,11	16,4	-22,10	10,2
4	22,86	-4,4	17,19	-6,1	7,12	1,0	-4,33	11,3	-15,42	16,4	-22,23	9,8
5	22,77	-4,5	16,93	-6,0	6,75	1,3	-4,63	11,6	-15,73	16,4	-22,38	9,4
6	22,67	-4,7	16,65	-5,9	6,38	1,6	-5,08	11,9	-16,01	16,3	-22,51	9,0
7	22,57	-4,9	16,38	-5,7	6,01	2,0	-5,56	12,1	-16,31	16,3	-22,62	8,5
8	22,45	-5,0	16,09	-5,6	5,63	2,3	-5,94	12,4	-16,62	16,2	-22,73	8,1
9	22,34	-5,2	15,81	-5,5	5,26	2,7	-6,33	12,7	-16,90	16,2	-22,83	7,7
10	22,21	-5,3	15,52	-5,3	4,88	3,0	-6,70	13,0	-17,19	16,1	-22,93	7,2
11	22,08	-5,5	15,22	-5,2	4,50	3,4	-7,08	13,2	-17,46	16,0	-23,01	6,8
12	21,94	-5,6	14,92	-5,0	4,11	3,7	-7,46	13,5	-17,73	15,8	-23,09	6,3
13	21,80	-5,7	14,62	-4,8	3,73	4,1	-7,83	13,7	-18,00	15,7	-23,16	5,8
14	21,65	-5,8	14,31	-4,7	3,35	4,4	-8,20	14,0	-18,27	15,6	-23,22	5,3
15	21,50	-5,9	14,00	-4,5	2,96	4,8	-8,58	14,2	-18,52	15,4	-23,27	4,9
16	21,34	-6,0	13,69	-4,3	2,58	5,1	-8,95	14,4	-18,68	15,2	-23,32	4,4
17	21,17	-6,1	13,37	-4,1	2,19	5,5	-9,31	14,6	-18,92	15,0	-23,36	3,9
18	21,00	-6,2	13,05	-3,8	1,81	5,8	-9,68	14,8	-19,23	14,8	-23,39	3,4
19	20,82	-6,3	12,72	-3,6	1,42	6,2	-10,04	15,0	-19,46	14,6	-23,42	2,9
20	20,63	-6,3	12,39	-3,4	1,03	6,6	-10,40	15,2	-19,72	14,4	-23,43	2,4
21	20,44	-6,4	12,06	-3,1	0,64	6,9	-10,75	15,3	-19,82	14,1	-23,43	1,9
22	20,24	-6,4	11,73	-2,9	0,25	7,3	-11,11	15,5	-20,04	13,9	-23,43	1,4
23	20,04	-6,4	11,39	-2,6	-0,14	7,6	-11,46	15,6	-20,37	13,6	-23,43	0,9
24	19,83	-6,5	11,05	-2,4	-0,53	8,0	-11,81	15,8	-20,58	13,3	-23,41	0,4
25	19,62	-6,5	10,70	-2,1	-0,92	8,3	-12,15	15,9	-20,78	13,0	-23,39	-0,1
26	19,40	-6,5	10,35	-1,8	-1,31	8,7	-12,50	16,0	-20,97	12,7	-23,36	-0,6
27	19,18	-6,5	10,00	-1,5	-1,69	9,0	-12,84	16,1	-21,15	12,4	-23,32	-1,1
28	18,95	-6,4	9,65	-1,2	-2,08	9,3	-13,17	16,2	-21,33	12,0	-23,27	-1,5
29	18,71	-6,4	9,30	-0,9	-2,47	9,7	-13,51	16,3	-21,50	11,7	-23,22	-2,0
30	18,47	-6,4	8,94	-0,6	-2,86	10,0	-13,83	16,3	-21,67	11,3	-23,16	-2,5
31	18,23	-6,4	8,58	-0,3			-14,16	16,4			-23,09	-3,0

9-01 b *Deklination der Sonne und Zeitgleichung, Juli bis Dezember*

Sonnenbahn

Mittagsrichtung	Sonnenbahn	Breite/Deklination
180°	von links nach rechts	B > D *(z. B.)* B = +5°, D = –15°
senkrecht	von Ost nach West	B = D
0°/360°	von rechts nach links	B < D *(z. B.)* B = –20°, D = –10°

Sonnenrichtung R zur Ortszeit Z *Vordrucke 9-05*

Sonnenhöhe und Schattenmessung

Sonnenhöhe = $\tan^{-1}$ (senkrechter Schattengeber : waagerechte Schattenlänge)
Schattenlänge = Länge des senkrechten Schattengebers : tan (Sonnenhöhe)

Mittagshöhe *(Vordruck 9-02)*

	Nordhalbkugel	Südhalbkugel
allgemein	90° – B + D	90° + B – D
Sommersonnenwende	90° – B + 23,44°	90° + B + 23,44°
Wintersonnenwende	90° – B – 23,44°	90° + B – 23,44°

Sonnenhöhe H zur Ortszeit Z *(Vordruck 9-06)*

HZ = $\sin^{-1}$ (sin B x sin D + cos B x cos D x cos S) [°]

Ortszeit Z bei Sonnenhöhe H

ZH = 12 ± 1/15 $\cos^{-1}$ [(sin H – sin B x sin D) : (cos B : cos D)]

Sonnenauf- und -untergang *(138, Vordruck 9-03)*

Die Sonne wird hier als Punkt behandelt, und die Lichtbrechung bleibt unberücksichtigt. Darum steht der Unterrand der Sonne zur berechneten Zeit um 2/3 des Sonnendurchmessers über der Kimm (6-12).
Der Rechner meldet »Fehler«, wenn es wegen Mitternachtssonne oder Polarnacht keinen Sonnenaufgang gibt.

Aufgangszeit ZA = 1/15 $\cos^{-1}$ (tan B x tan D)
Untergangszeit ZU = 24.00 – ZA
Aufgangsrichtung RA = 90 – $\sin^{-1}$ (sin D : cos B) [°]
Untergangsrichtung RU = 360° – RA [°]

Dämmerung, Tageslänge *(Vordruck 9-04)*

Die rechnerische Länge der Dämmerung ist abhängig von Jahreszeit und geogaphischer Breite. Für klaren Himmel gilt:

bürgerliche Dämmerung (bis H = – 6°): Lesen *noch* möglich
nautische Dämmerung (bis H = –12°): Kimmlinie noch erkennbar
(das Zeitfenster, in dem man die Kimmlinie *noch* und die wichtigen Gestirne *schon* sehen kann)
astronomische Dämmerung (bis H = –18°): alle Sterne voll sichtbar

Beginn (ZH = – 6°) = 12 – 1/15 $\cos^{-1}$ [(sin –6 – sin B x sin D) : cos B : cos D]
Ende = 24:00 – ZA
Dämmerungslänge = ZH – ZA
Tageslicht = ZU – ZA + 2 (ZA – ZH)

Mitternachtssonne und Polarnacht

Mitternachtssonne

Nordhalbkugel bei $D > (90^\circ - B)$
Südhalbkugel bei $D < (B + 90^\circ)$

Polarnacht

Nordhalbkugel bei $D < (B - 90^\circ)$
Südhalbkugel bei $D > (90^\circ + B)$

Ort	Tag
Länge L = Ortsmeridian = Breite B = Zeitmeridian	Zeitgleichung zgl =
ΔL [°] = Orts- – Zeitmeridian = 4 ΔL = 4 ΔL + zgl = Uhrzeit = WOZ − (4 ΔL + zgl) =	
Uhrzeit für Mittagssonne = **Mittagshöhe =**	

9-02 Mittagssonne

Ort		Tag	
Breite B =	[1]	Deklination D [°] =	[2]
Länge L = Ortsmeridian =		Zeitgleichung zgl [min] =	
Zeitmeridian =			
ΔL = Orts- – Zeitmeridian [°] =		4 ΔL + zgl =	min [3]
Uhrzeit = WOZ **–** (4 ΔL + zgl)			
ZA = 1/15 $\cos^{-1}$ (tan B × tan D) =	WOZ [4]	Uhrzeit =	
ZU = 24 – ZA =	WOZ	Uhrzeit =	
RA = 90° – $\sin^{-1}$ (sin D : cos B) =			
RU = 360° – RA =			

***9-03** Sonne: Zeit/Richtung beim Auf- und Untergang*

Ort		**Tag**	
Breite B =	**[1]**	Deklination D =	**[2]**

ZA = 1/15 arc cos (tan B × tan D) = **[3]**

Beginn/Ende der Dämmerung bei Sonnenhöhe H = –6°

ZH = 12 ± 1/15 cos⁻¹ [(sin –6 – sin B × sin D) : cos B : cos D]

ZH = Beginn der Dämmerung (WOZ) = **[4]**

Dauer der Dämmerung = ZA – ZH = **[3]** – **[4]** = **[5]**

ZU = 24 – ZA = 24 – **[3]** = **[6]**

Ende der Dämmerung = ZU + **[5]** =

Tageslänge = ZU – ZA = [6] – [3] =

Tageslicht = Tageslänge + (2 × **[5]**) =

9-04 *Dämmerung, Tageslänge*

9-05 Sonnenrichtung, gegebene Zeit (RZ)

Ort		Tag	
Breite B =	[1]	Deklination D [°] =	[2]
Länge L (= Ortsmeridian) =		Zeitgleichung zgl [min] =	
Zeitmeridian =		Uhrzeit =	

W = $\tan^{-1}$ [–sin S : (–sin B × cos S + cos B × tan D)]°

ΔL [°] = Orts- – Zeitmeridian =		4 ΔL + zgl [min] =	min

WOZ = Uhrzeit **+** (4 ΔL + zgl) =

Stundenwinkel S = WOZ × 15 – 180 = **[3]**

Zähler = –sin S **[3]** = **[4]**

Nenner = –sin **[1]** × cos **[3]** + cos **[1]** × tan **[2]** = **[5]**

W = $\tan^{-1}$ (**[4]** : **[5]**) =

Fallunterscheidung: bei Nenner – **RZ =** W + 180°

Zähler +, Nenner + **RZ =** W

Zähler –, Nenner + **RZ =** W + 360°

Zähler +, Nenner 0 **RZ =** 90°

Zähler –, Nenner 0 **RZ =** 270°

Sonnenrichtung = ☐

Ort	Tag	
Breite B **[1]** =	Deklination D **[2]** =	
Länge L =	Zeitgleichung zgl =	
Zeitmeridian =		
ΔL = Orts- – Zeitmeridian =	4 ΔL + zgl =	

	WOZ	Uhrzeit	Dauer	Richtung	Höhe
Aufgang					
Untergang					
Tageslänge					
Dämmerung					
Tageslicht					
Mittag	**12:00**				

9-06 *Sonnenstand, Tag*

	Kartenblatt/Ort	Jahr
1	Standort im Gradnetz	
2	Standort im UTM-Gitter (GPS-Anzeige)	
3	Kartenhöhe [mm[	
	Abweichung im Gradnetz (Deklination)	
4	Deklination	
	GeN = gleiche Minutenzahl im oberen und unteren Kartenrand	
5	**seitliche Abweichung von GeN = tan (Deklination) × Kartenhöhe**	
	Abweichung im Gitter (Nadelabweichung)	
6	Deklination	
7	UTM-Zone	
8	**Hauptmeridian =** UTM-Zone × 6 – 183°	
9	**Meridiankonvergenz =** Orts – Hauptmeridian × sin (Breite)	
10	**Nadelabweichung =** Deklination – Meridiankonvergenz GiN = senkrechte Linien des eingedruckten Gitters	
11	**seitliche Abweichung von GiN = tan (Nadelabw.) × Kartenhöhe**	

9-07 *Missweisung einzeichnen, Vordruck*

9.3 Orientierung vorbereiten (Vordruck als Beilage)

Die Orientierung beginnt zu Hause. Die meisten Fragen, auch zu Missweisung und Sonnenstand, lassen sich schon vor Beginn einer Wanderung klären. Wer seine Kompasswanderung vorbereitet, deckt eigene Unsicherheiten auf, gewinnt außer den greifbaren Ergebnissen nützliche Übung und steigert die Vorfreude und den Gewinn.

Zur Vorbereitung gehören je nach Art der geplanten Wanderung:

Literatur. Suchen und lesen Sie, was über das Wandergebiet vorliegt.

Fachwortschatz. Stellen Sie sicher, dass Sie die Fachbegriffe beherrschen:
Maßstab, Maßstabszahl
Äquidistanz, Höhenlinie, Zähllinie, Hilfslinie, Fallstriche
Standlinie, Leitlinie, Auffanglinie, Groborientierung, Feinorientierung
Seitenpeilung, Kreuzpeilung, Horizontalwinkel
GeN, GiN, MaN, Deklination, Nadelabweichung, Meridiankonvergenz
Ablenkung (Deviation), Inklination, Kartenwinkel, Geländewinkel
Grad, Gon, Strich
geographisches Netz, Breite, Länge, Polarkreis, Wendekreis
Nullmeridian, Hauptmeridian, Grenzmeridian, Minutenfeld
geodätisches Gitter, Ostwert/Rechtswert, Nordwert/Hochwert
UTM-Zone, Zonenfeld, 100-km-Quadrat, Gitterquadrat
geodätisches Bezugssystem (MAP DATUM), z. B. WGS 84
Anzeigeart (POSITION FORMAT), z. B. Gradnetz, UTM, MGRS
Weltzeit (UTC), Zonenzeit, Wahre Ortszeit (WOZ), Sommerzeit
Ortsmeridian, Zeitmeridian,
Deklination der Sonne (D), Zeitgleichung (zgl), Stundenwinkel (S)

Karte. Sie beschaffen sich die neueste top. Karte des Wandergebiets, stellen Lagebezugssystem und Gitter, Maßstab und Äquidistanz fest, heben Mittel- und Grenzmeridiane hervor, messen die Kartenhöhe, ermitteln nach den Angaben der Karte oder aus dem Internet die Missweisung für das Jahr der Wanderung und stellen ggf. einen Planzeiger für den Kartenmaßstab her. Überprüfen oder berechnen Sie den Maßstab und zeichnen Sie eine MaN-Linie ein, ggf. auch das UTM-Gitter.

Ein neueres Luftbild ergänzt die Karte bei Deltamündungen, Gletschern und Gletscherflüssen, Lavafeldern, Wanderdünen.

Gehen Sie in Gedanken nach der Karte die Wanderstrecke ab und stellen Sie sich das Gelände vor. Unbekannte Kartenzeichen längs des Weges suchen Sie in der Zeichenerklärung und übersetzen geographische Namen nach den Wörterlisten. Für wichtige Wegpunkte schreiben Sie Höhen und Koordinaten heraus. Abschnittweise ermitteln Sie Entfernung/Steigung und den geschätzten Zeitbedarf, suchen längs des Weges Peilziele, Leit- und Auffanglinien und mögliche Rast- oder Zeltplätze (nach Untergrund/Windschutz/Trinkwasser/Brennholz/Sonnenstand).

Bei größeren Höhenunterschieden erleichtert ein Wegprofil die Planung. Für anspruchsvollere Unternehmungen stellt man Vordrucke und Leerkarten her und legt ein Logbuch an.

Weitere Orientierungshilfen. Zu klären ist, ob und bis zu welchem Abstand Ausrüstungsteile den Kompass ablenken und ob im Wandergebiet die Inklination den Kompass beeinträchtigen könnte.
Neue Geräte, besonders solche mit mehrfach belegten Bedienungsknöpfen, erprobt man schon zu Hause und fragt sich ehrlich, ob man ihre Handhabung auch im Ernstfall sicher beherrschen wird. ***Stützen Sie sich keinesfalls allein auf elektronische Hilfen!***

GPS-Nutzer wählen die Grundeinstellungen nach der verwendeten Karte und können Wegpunkt-Koordinaten als Route eingeben. Klären Sie schon zu Hause: Ist »Norden« GeN oder MaN? Bezieht sich »Höhe« auf Normalnull oder auf das Ellipsoid? Sind die Sonnenzeiten Zonenzeit oder (Mittlere oder Wahre) Ortszeit?

Tageslänge und Sonnenstand. Stellen Sie fest, in welcher Zeitzone das Zielgebiet liegt und ob dort Sommerzeit gelten wird; wie weit und nach welcher Seite die Ortszeit von der Uhrzeit abweicht; ob dort die Mittagssonne im Süden oder im Norden stehen wird; in welcher Richtung die Sonne wandert. In hohen Breiten bestimmen Tages- und Dämmerungslänge, Mitternachtssonne und Polarnacht den Reisetermin und die Tagesplanung.

Übersicht. Für die Rechnungen brauchen Sie einige vielstellige Werte mehrfach. Nutzen Sie dazu die Speicher Ihres Rechners und ordnen Sie die Ergebnisse übersichtlich mithilfe der Vordrucke (9-01 bis 9-05 und Beilage).

Vor Antritt der Wanderung. Zu den letzten Vorbereitungen für die Orientierung gehören: Batterien erneuern/Akkus aufladen; die örtliche Missweisung überprüfen; Wetterbericht hören; Uhr und Höhenmesser stellen; für GPS die Grundeinstellungen zur Ausgangslage wählen, den Startpunkt speichern.

9.4 Fachausdrücke Deutsch - Englisch

International ist vereinbart, dass alle Länder die Zeichenerklärung (Legende) ihrer top. Karten außer in der Landessprache auch auf Englisch beschriften. Einige zusätzliche Fachausdrücke können helfen, Orientierungsfragen über Sprachgrenzen hinweg zu klären

Karte

Landkarte – map
Seekarte – chart (Mercator projection)
Luftfahrtkarte – aeronautical chart
Maßstab – scale
Randangaben – marginal information
Angaben zum Lagebezugssystem – map datum, spheroid note
Angaben zum Netzentwurf – projection note

Gitterangaben – grid note, grid data, grid reference box
Umrechnungstabelle (z. B. Fuß in m, Meilen in km) – conversion graph
Kartenzeichen – map symbol
Zeichenerklärung – legend
Maßstableiste, Kilometerleiste – bar scales
Schummerung – shading, shaded relief
Schraffen – hachure
Straßengabel – road Y, fork
Einmündung – road T
Kreuzung – crossroads
Anschlussblätter – adjoining sheets

Kompass

Linealkompass – base plate compass
Spiegelkompass – mirror sight compass
drehbare Dose – turnable capsule (housing)
Dosengitter – bottom lines, North-South-lines
Dose nach Nordlinien ausrichten – align the meridians, »box the needle«
flüssigkeitsgedämpft – liquid damped
Flüssigkeitskompass – liquid-filled compass
Kurspfeil – direction-of-travel-arrow
Gradskala – degree dial
Teilstrich – tick mark
Ablesemarke – index point
Bodenplatte (= Kompasslineal) – base plate
durchsichtiger Boden – transparent bottom
Missweisungsausgleich – declination adjustment
Missweisungsmarke – declination arrow
Inklination; Kippneigung – inclination, dip
Planzeiger – coordinate scale, plotting scale
peilen – to sight along
Winkelmesser – protractor

Höhe, Steigung

Karte mit Höhenlinien – contour map
Karte ohne Höhenlinien – planigraphic map, planimetric map
Höhenlinie allgemein – contour line
Zähllinie – index contour line
Hilfslinie – supplementary contour line
Bezug der Höhenangaben – vertical datum
Neigungsmaßstab – slope guide
Neigungsmesser – clinometer
Neigungsrichtung – direction of the slope, lay of the land
Neigungswinkel – grade of slope, angle of slope,
gehen entlang einer Höhenlinie – contouring
Höhenmarke (vermessener Höhenpunkt) – bench mark

Winkel

Geographisch-Nord, rechtweisend Nord, rwN – True North, TN
Gitter-Nord – Grid North, GN
Magnetisch-Nord – Magnetic North, MN
Haupthimmelsrichtungen – cardinal points
Zwischen-Himmelsrichtungen – intercardinal points
Grad (360°) – degree
Strich (6400^{-}) – mil (oder schräg durchstrichenes m)
Gon (400 gon) – grad
Richtungswinkel (von der Nordrichtung aus gemessen) – azimuth
Winkelmesser – protractor
Ablenkung – deflection

Standort

Standort allg. – position (L): area position, line position, point position
ermittelter Standort – fix
Standortbestimmung – position fixing
Standlinie – position line, line of position, LOP
Standkreis – position circle
Leitlinie – handrail
Auffanglinie – catching feature
Koppelnavigation – dead reckoning navigation
(eigentlich *deduced reckoning*, also: erschlossener, abgeleiteter Standort)
Koppelort – dead reckoning position
Uhrzeiger nach der Sonne ausrichten – to align the hour hand exactly with the sun
Schnittpunkt zweier Richtungen – intersection of two bearings
Kreuzpeilung – cross bearing
Fehlerdreieck – triangle of error

Kurs

Richtung – bearing, direction (of travel)
Gegenrichtung – back azimuth, back bearing
Entfernung – distance
Kartenentfernung – map distance, MD
Ziel – destination
Hilfsziel, Zwischenziel, Richtungspunkt im Gelände – steering mark, intermediate mark
Groborientierung – area navigation
Feinorientierung – point navigation
Beginn der Feinorientierung nach Groborientierung – attack point
(bewusst) daneben halten /daneben zielen – aiming off, intentional offset
Rückwärtspeilung – back-reading, back bearing
Strecke – route
Gelände – field, terrain

querfeldein – cross-country
Schrittzählen – pace-count
Doppelschritt – double step, double pace
Großkreis – Great Circle, GC
Großkreiskurs – orthodrome
Kursgleiche, Loxodrome – rhumb line, RL

Missweisung

Geländewinkel (mit dem Kompass gemessen) – magnetic azimuth
Kartenwinkel (im Gitter) – grid azimuth
Deklination – declination (auf Seekarten: variation)
Nadelabweichung – G-M angle [grid/magnetic]
Meridiankonvergenz – grid convergence
Missweisungspfeile, Missweisungsskizze – declination diagram
Winkelkonstellation der Pfeile für GeN / GiN / MaN – angular relationship
GeN, rechtweisend Nord rwN – True North, TN
Uhrzeiger nach der Sonne ausrichten – align the hour hand with the sun

Gradnetz, Gitter

geographisches Netz – graticule
geodätisches Gitter – grid
Breite – latidude, LAT
Breitenkreis – parallel of latitude, LAT
Breitenunterschied – difference of latitude, DLat
Länge – longitude, Lon
Längenkreis – meridian
Längenunterschied – difference of longitude, DLon
Anweisung zur Koordinaten-Angabe – grid reference box
UTM-Zone – zone [z. B. 32]
Zonenfeld, z. B. 32**U** – area, (zone number + row letter)
Buchstabenpaar für das 100-km-Quadrat (z. B. 32U **XP**) – column designation/row designation
Nullmeridian – prime meridian
Reihenfolge bei der Ortsangabe mit Gitterkoordinaten »recht – hoch« – right and up
Planzeiger – grid coordinate scale

Zeit

Zonenzeit – zone time, ZT
Ortszeit – local time
Sommerzeit – daylight saving time
Mitteleuropäische Zeit, MEZ – Central European Time, CET
Mitteleuropäische Sommerzeit, MESZ – Central European Summer Time, CEST
Wahre Ortszeit, WOZ – local apparent time, LAT
Mittlere Ortszeit – local mean time

bürgerliche Dämmerung – Civil Twilight
Sonnenaufgang – sunrise, SR
Sonnenuntergang – sunset, SS
Zeitgleichung – equation of time

9.5 Geocaching

Bücher und Webseiten zum Thema »Geocaching« vernachlässigen viele Fragen, die sich bei anspruchsvolleren Suchaufgaben ergeben. Antworten bietet dieses Buch an folgenden Stellen:

- Wie beurteile ich das Gelände nach der Karte? – **1.1 und 1.2**
- Welche Kompasse eignen sich für Geocaching? – **37**
- Wie gebraucht man den Kompass? – **3.1 und 4.2**
- Was ist das UTM-Gitter? – **5.4**
- Wie bestimme und berücksichtige ich die Missweisung? – **Teil 6**
- Wie ermittle ich aus der Karte die Koordinaten eines Punktes? – **Gradnetz 103, Gitter 112**
- Wie ist die Zählrichtung? – **Gradnetz 103, 104, Gitter 110**
- Wie gebe ich Karten-Koordinaten in mein GPS-Gerät ein? – **Gradnetz 104, Gitter 112**
- Wie übertrage ich GPS-Koordinaten in meine Karte? – **Gradnetz 6.2.1, Gitter 6.4.2**
- Wie zeichne ich das Gitter in meine Karte ein? – **116**
- Wie verhalte ich mich, wenn ich mich verlaufen habe? – **Teil 7**

9.6 Karten

GEDRUCKTE TOPOGRAPHISCHE KARTEN
Landesvermessungsämter, Fachbuchhandlungen, Ausrüstungsfirmen

DIGITALE TOPOGRAPHISCHE KARTEN
amtliche top. CD-Karten 1:50 000: Landesvermessungsämter
Linksammlung auf www.kartekompassgps.de, insbesondere für kostenfreie digitale top. Karten

GRUNDKARTEN 1:5000 oder 1:2500
örtliche Vermessungsämter

LUFTBILDER, LUFTBILDKARTEN
Landesvermessungsämter

SEEKARTEN
Delius Klasing Verlag, Siekerwall 21, D – 33602 Bielefeld
HanseNautic, Herrengraben 31, D – 20459 Hamburg

3D-KARTEN
https://touch-mapper.org für benutzerdefinierte Outdoor-Karten.
Erhältlich als 3D-Druck oder kostenloser Selbstdruck.

9.7 Bücher zum Umfeld

Eichler, H.: Gesichter der Erde. Welt-Vademecum. (Touristbuch Hannover), 3. Auflage 1999
503 S., ISBN 978-3924415235

Gurtner, M.: Karten lesen. Handbuch zu den Landeskarten. (Schweizer) Bundesamt für Landestopographie und SAC-Verlag. 3. Auflage 2010,
308 S., ISBN 978-3924415235

Hüttermann, A.: Karteninterpretation in Stichworten - I Topographische Karten Berlin/Stuttgart, 4. Auflage 2001.
205 S., ISBN 3-443-03110-2

Hüttermann, A.: Kartographie in Stichworten Berlin/Stuttgart, 7. Auflage 2002
380 S., ISBN 3-266-03066-7

Kohlstock, P.: Kartographie. Paderborn 2004 (Schöningh, UTB) 2. Auflage 2010
227 S., ISBN 978-3825225682

Roth, G.: Wetterkunde für alle München BLV, 11. Auflage 2008
280 S., ISBN 978-340516718

Sobel, D.: Längengrad. Die Illustrierte Ausgabe Berlin Verlag, 10. Auflage
239 S. ISBN 978-3827003645

Wirth, A.: Erste Hilfe unterwegs. Reise Know-How, 336 S., 4. Auflage 2007, ISBN 978-3831710218

9.8 Bildquellen

Bayerisches Landesvermessungsamt **1-03, 1-05** (bearbeitet)
Bundesamt für Seeschifffahrt und Hydrografie **6-04 b**
Deutsches GeoForschungsZentrum Potsdam (bearbeitet) **2-02, 6-03**
Hake, G., Grünreich, D.: Kartografie (bearbeitet) **1-07**
SILVA AB Schweden, **2-04, 3-04** (bearbeitet), **8-10**
Suunto OY Finnland, **2-04, 8-10**
Romwegkarte von Etzlaub für das Pilgerjahr 1500 **9-09**

9.9 Romweg-Karte *(vgl. 58 bis 60)*

aus der (südorientierten) ***»Romweg-Karte«*** *von Erhard Etzlaub, Nürnberg, zum Pilgerjahr 1500.*
Vielleicht die älteste gedruckte deutschsprachige Kompass-Anweisung.

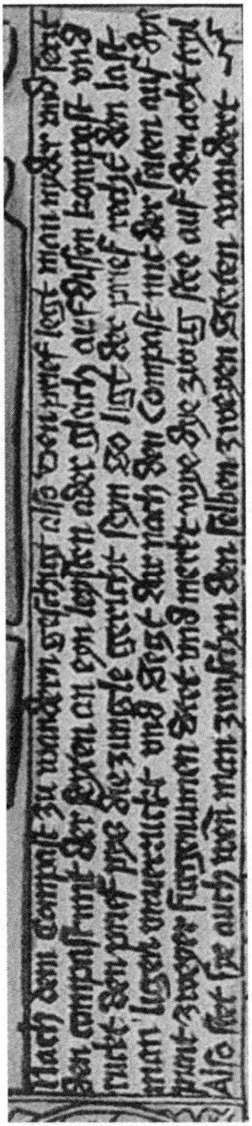

9-09 *Romweg-Karte*

Nach dem compast zu wandern geschigt also Den prief legt man nyder und setzt den compast mit der seyten an eyn leysten oder gleich auf dissen compast und ruckt den prief pys die zungle gericht seyn So ligt der prief recht den last man ligen unuerruckt und sezt dar nach den compast mit der seiten auf dye punt zweyer furgenumen Stet und merkt wye dye zung stee auf den acht teyl Also stet sye auch wenn man zwischen den selben zweyen Steten wandert.

»So wandert man mit dem Kompass: Die Karte legt man auf und legt den Kompass mit der Seite *[Anlegekante]* an einen seitlichen Kartenrand oder gleich auf diesen *[abgebildeten]* Kompass und dreht die Karte, bis die Kompassnadel *[nach Norden]* ausgerichtet ist. So liegt die Karte richtig. Man lässt sie *[so]* unverrückt liegen und legt danach den Kompass mit der Seite *[Anlegekante]* auf die Punkte zweier ausgewählter Städte *[verbindet Standort und Ziel mit der Anlegekante]* und beachtet auf ein Achtel [des Vollkreises = *45*°], wie die Nadel steht. So steht sie auch, wenn man zwischen diesen zwei Städten wandert.«

9.10 Register

Ablenkung 34
Abweitung 104
Achsenkreuz 169
Äquidistanz 13
Alpha α (Dreieckswinkel)
alpines Notsignal 153
Anstieg 69
Anzeigefehler 34
Artillerie-Promille 33
Auffanglinie 63, 90
Augeshöhe 95, 96

B = geographische Breite
Barometer 48, 49
Bergprofil 18
Berichtigungsstand 23
Behelfskompass 145
Beta β (Dreieckswinkel)
Bezugsquellen 191
Bildquellen 193
Blattschnitt 24
Breite 102, 103
Buchstabier-Alphabet 154
Bücher zum Umfeld 194

Cassiopeja 132, 133

D = Deklination
Dämmerung 180, 183
Datumsgrenze 54
Deklination
  magnetisch 123, 140
  Sonne 134, 178
Delta Δ (für „Unterschied“)
Deutsch – Englisch 187
Drumlin 18

EGNOS = European Geostationary Navigation Overlay Service 48
Eichler 76
einnorden 84
Ellipsoid 47
Entfernung
  im Gelände 12, 13
  im Gitter 115
  im Gradnetz 107
  auf dem Globus 107
  auf der Mercator-Karte 107
  Kimmentfernung 96
  Laser-Entfernungsmesser 172
  Entfernungsmessung, indirekt 163
Erdellipsoid 43
Erscheinungsjahr 23
ETRS = European Terrestrial Reference System 43

Fachausdrücke Deutsch – Englisch 187
Fallstriche 15
Falllinie 16
Fehlerdreieck 91
Feinorientierung 63
Felszeichnung 18
Flächentreue 100
Fließrichtung 16
Fuß 16

Gamma γ (Dreieckswinkel)
Gebirge 74
Gegenrichtung 73
Gehzeit 67, 70
Geländewinkel 129
Genauigkeit 51
Generalisierung 19, 168
Geocaching 191
GeN = Geographisch Nord 122
Geoid 43
Gitter 107
  Gitterfeld = 100-km-Quadrat
  GiN = Gitter-Nord 122
  Ortsangabe und Einzeichnen 112
  Richtung und Entfernung 115
  UTM 107, 108, 109
  UTM-Gitter einzeichnen 116

Zählrichtung 110
Gleitknoten 55, 56
Gon 33
GPS 40, 72, 100, 170
Funktionen 42
Genauigkeit 44
Grundeinstellungen 43
Kartierung 174
Kauf 47
Systemfehler 41
Gradnetz 44, 102, 104, 106
Grenzmeridian 110
Minutenfeld 104
Ortsangabe und Einzeichnen 104
Richtung, Entfernung 106, 107
Zählrichtung 104
Groborientierung 63
Großer Wagen 133
Großkreis 107

Handzählgerät 171
Hake 20
Halley 125
Hand 133
Harrison 41, 104
Hauptmeridian = Mittelmeridian 110
Herausgeber 21
Heze = Zeta Virginis 133, 134
Hilfslinie 14
Hilfsziel 60, 61
Himmelspol 132
Hindernisse umgehen 70
Hochwert = Nordwert 110
Höhe 42
GPS-Höhe 49
Höhenlinien, Kartenhöhe 13
Höhenmesser 47–49
Horizontalwinkel 84, 92
Hubschrauber 155

Imhof 12, 68
Inklination 35, 79
IOF-Norm 165
ISO = Internationale Organisation für Normung
Internet 126

Karte 12
3D-Karte 30
digitale Karte 173
elektronische Karte 29, 174
Google Map 29
Leerkarte 119
Luftfahrtkarte 28
Mercator-Karte 105
OL-Karte 26
PC-Karte 29
Seekarte 26
thematische Karte 30
topographische Karte 26
Umgebungskarte 25
Kartenbezugssystem = geodätische Grundlagen
Karte einnorden 84
Karte verkleinern 166
Kartenkauf 27
Kartenrahmen 22
Kartenrand 22
Kartenwinkel 129
Kartenzeichen (= Legende) 23
Keilschraffen 17
Kimm, Kimmentfernung 96
Kinder 81
Knoten 103
Kompass 32
Armbandkompass 39
Autokompass 40
Blindenkompass 40
Bootskompass 40
Kauf 37
Linealkompass 39
Nadelkompass 146
Peilkompass 37, 40
Spiegelkompass 61
Taucherkompass 40
Koordinaten 100
geographisch (Gradnetz) 100, 103

geodätisch (Gitter) 100, 107
polar 100, 102
umwandeln 103
Koppeln 90
Kreisteilung 32, 34, 38
Kreuz des Südens 132, 133
Kreuzpeilung 84, 90
Kursbestimmung 58, 148
Kursgleiche 107
Kurslinie 90
Kurspfeil 33, 59
Kurswinkel 58, 60, 148

Lagebezugssystem = Kartenbezugssystem = geodätische Grundlagen
Länge 103
Längenkreis = Meridian
Längentreue 100
Leerkarte 119
Leitlinie 63
Logbuch 119
Loxodrome = Kursgleiche
Luftblase 34
Luftdruck 42, 48, 49, 176
Lupe 39
LVS-Gerät = Lawinen-Verschütteten-Suchgerät 98

Magnetische Deklination 123
Magnetnadel 34, 38, 60
MaN = Magnetisch-Nord 122
MaN-Linie 128
Markierungsloch 39, 56
Maßband 172
Maßstab, Maßstabszahl 12
Maßstableiste 13
Meile 43
Mercator 105
Meridian = Längenkreis
Grenzmeridian 110, 143
Hauptmeridian 110
Mittelmeridian = Hauptmeridian
Ortsmeridian 135, 136
Zeitmeridian 53
Meridiankonvergenz 123
Messrad 171
MESZ = Mitteleuropäische Sommerzeit 53
MEZ = Mitteleuropäische Zeit 53
MGRS = Military Grid Reference System
mils = (6400) Strich = A‰ 33
Minutenfeld 104
Missweisung 122
bestimmen 125
ausgleichen 139
einzeichnen 140
Missweisungsausgleich am Kompass 38, 140
Mittag/Mitternacht 79, 81, 103, 136
Mond 147
Morse-Alphabet 153
MOZ = Mittlere Ortszeit
MSAS = Multi Functional Satellite Augmentation System 47

Nadelabweichung 123, 140
Nadelkompass 144
Namen 98
NATO-Ziffern 57
Neigung, Neigungsmesser 172
Netzteiler 105
Neugrad = Gon
NMEA = National Marine Electronics Association
Nordlinien 27, 101, 103
Nordmarke 38, 140
Nordrichtungen 101, 122
Nordwert = Hochwert
Normaldruck der Luft 49, 176
Norwegen 112
Notruf 155
Notsignal 154

OCAD (Karten-Zeichenprogramm) 174
OEZ = Osteuropäische Zeit 53
OL = Orientierungslauf 26

Orientierung
ohne Kompass 145
vorbereiten 186
OpenStreetMap 29
Orion 132, 133
Orthodrome = Großkreisbogen 107
Orthofoto 28
Ortsangabe
im Gradnetz 104
im UTM-Gitter 112
ortsfeste Orientierungshilfen 150
Ortsmeridian 135–137
Ortsnamen 98
Ortszeit 135
Oser 17
Ostwert = Rechtswert

Parallelkreis = Breitenkreis
PC 29
Planzeiger 39, 114
Polarkreis 79, 103
Polarlicht 79, 125
Polarnacht 80, 103
Polarstern 131, 133

Radar 41
Rechenhilfen 176
Rechtswert = Ostwert 110
rechtweisend Nord = GeN
Relief 13, 19
Rettung 154
Richtung
im Gelände 58, 86, 145, 149, 171
im Gitter 115
GOTO 42
im Gradnetz 106
auf der Mercator-Karte 106
Richtung einhalten 66, 149
Richtungssinn 64
Rückwärtspeilung 73

Satelliten-Orientierung = GPS
Schallgeschwindigkeit 68
Schatten, -länge, -spitzen 146, 147
Schleppfehler 36
Schneeblindheit 75, 78
Schnittkreuz 27
Schraffen 13, 17
Schrittmaß, -zahl, -zähler 54, 67, 171
Schummerung 15
Seemeile 103
Seitenpeilung 84
Sextant 41
Sobel 104
Sollmaß 23, 166
Sonne 134, 146
Auf- und Untergang 138, 178
beliebiger Zeitpunkt 184
Mittagssonne 136, 181
Spiegel 39, 61
Standkreis 92
Standlinie 63, 85
Standort 42, 94
im Gradnetz 106
im UTM-Gitter 112
Steigung 68
Sterne 131
Streckenwahl 62
Streckenzug 158
Strich 33
Stundenwinkel 135
suchen 153
Südhalbkugel 81

Tageslänge 183
Tangente = Berührungsgerade 88
Taschenrechner 50
TK = topographische Karte 21, 25
TÜK = topographische Übersichtskarte
Trillerpfeife 82, 154

Uhr 51
UK = Umgebungskarte 25
unbekannte Landmarken 95
UTC = Universal Time Coordinated (= »Weltzeit«) 53
UTM 107, 108, 109

Variation = magnetische Deklination
Verdrängung 19
Verirrt 151
Verkleinern 166
Verkürzung 172
Vollkreis-Winkelmesser 56

WAAS = Wide Area Augmentation System 48
Wald 76
Wasserwandern 75
Wegaufnahme 158
Wegprofil 18
Wegprotokoll 164
Wegpunkt 42, 72, 98, 120, 160
Wendekreise 80
WEZ = Westeuropäische Zeit 53
WGS = World Geodetic System 100
wiederfinden 97
Windenbergung 156
Windrichtung 149
Winkel, Winkelmesser 55
Winkeltausch 128
Winkeltreue 100
Winter 77
WOZ = Wahre Ortszeit 135
Wüste 77
Wirth 155

X-Wert, y-Wert 169

Zähllinie 14
Zählrichtung
  im Gradnetz 103, 104
  im UTM-Gitter 110
Zeichenerklärung 23
Zeigeruhr 146
Zeit
  Normalzeit 53
  Norm-Schreibweise 51
  Sommerzeit 53
  Stundenwinkel 135
  Zeitzone, Zonenzeit 52, 53
  Wahre Ortszeit WOZ 135
  Weltzeit 53
  Zeitgleichung 135
  Zeitmeridian 53
  Zeitzone 53
Zeta Virginis = Heze 133, 134
Zifferblatt 60, 162
Zirkel 55
Zonenfeld 110, 111
Zonenzeit 53